HOW IT WORKS

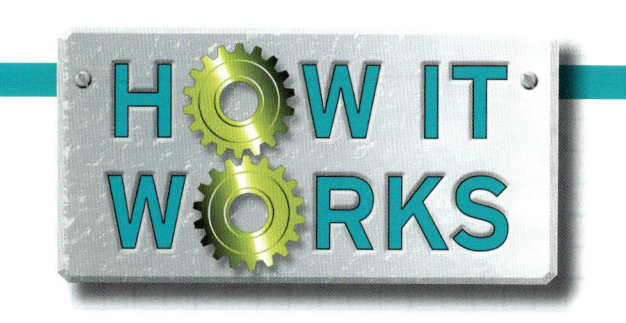

最先端ビジュアル百科
「モノ」の仕組み図鑑 ⑧

緊急の乗り物

ゆまに書房

ACKNOWLEDGEMENTS

All panel artworks by Rocket Design
The publishers would like to thank the following sources for the use of their photographs:
Alamy: 4(t) Interfoto; 5(c) David Wall; 11 Tom Wood; 12 Justin Kase z07z; 16 David Gowans
Corbis: 5(b/r) Yoav Levy/MedNet; 6 Rick Wilking/Reuters; 9 Narendra Shrestha/epa; 19 Paul A. Souders; 28 Jim Sugar
Fotolia: 34 Gorran Haven
Getty Images: 15 John Li/Stringer; 21 Shaun Curry/Stringer
Rex Features: 4(b) Sipa Press; 23 MH/Keystone USA; 24 Sipa Press; 27 Phil Yeomans; 30 Kenneth Ferguson; 33 Nils Jorgensen
All other photographs are from Miles Kelly Archives

HOW IT WORKS : Emergency Vehicles
Copyright©Miles Kelly Publishing Ltd
Japanese translation rights arranged with Miles Kelly Publishing Ltd
through Japan UNI Agency, Inc., Tokyo

もくじ

- はじめに ……………………… 4
- 白バイ ………………………… 6
- 爆発物処理ロボット …………… 8
- パトロールカー ………………… 10
- 救急バイク ……………………… 12
- 救急車 …………………………… 14
- オフロード救助トラック ……… 16
- 消防自動車 ……………………… 18
- 空港化学消防車 ………………… 20
- 消防艇 …………………………… 22
- 救命ボート ……………………… 24
- 救助艇 …………………………… 26
- 沿岸警備艇 ……………………… 28
- 深海救難艇 ……………………… 30
- 救急ヘリコプター ……………… 32
- 捜索救難ヘリコプター ………… 34
- 用語解説 ………………………… 36

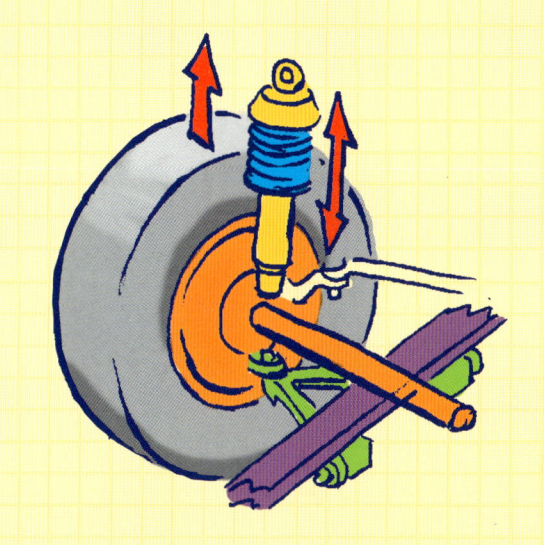

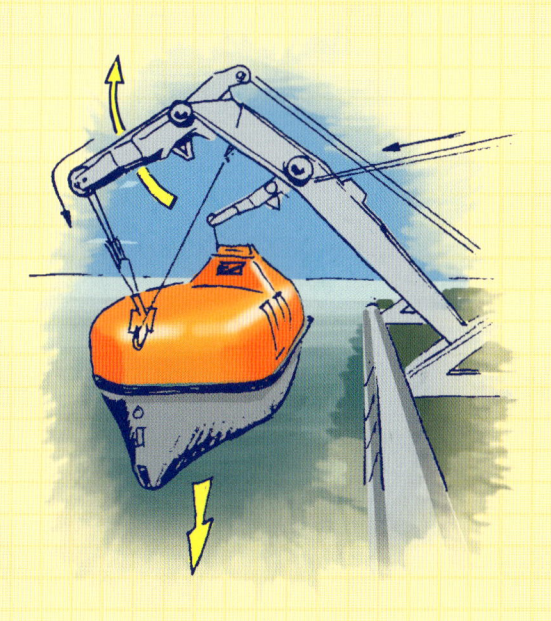

●編集部注：本書で紹介している「緊急の乗り物」は、イギリスなど、おもに欧米諸国で導入されているものの記述であり、日本のものとは役割、装備などが異なっていることがあります。

はじめに

昔はいざというときにすぐ助けてくれる救援システムがなかった。救急隊も、消防隊も、水難救助隊もなかったんだ。火事がおきたら、人は命がけで火を消した。警察がないので犯罪がはびこり、救急車がないので病院につく前に亡くなってしまう人がたくさんいた。やがて警察や消防ができたけれど、問題は、すぐに助けをもとめる方法がないことだった。でも1870年代に電話が登場して、それまでよりうんと早く助けを得ることができるようになった。そして、そのころ都市にうつり住んだたくさんの人たちは、警察や消防に近くなったぶん、サービスをうけやすくなったんだ。

警察の車は、速くて信頼できるものでなければならない。1948年には、このドイツ製のフォルクスワーゲンが使われていた。

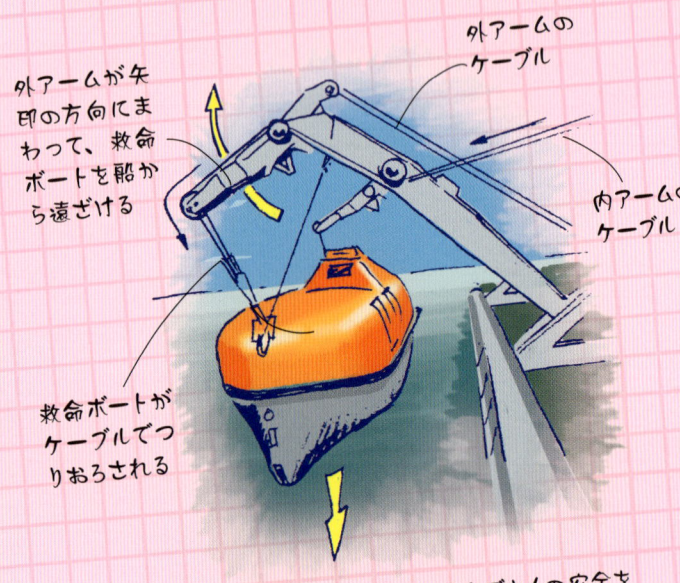

外アームが矢印の方向にまわって、救命ボートを船から遠ざける

外アームのケーブル

内アームのケーブル

救命ボートがケーブルでつりおろされる

最近の救命ボートは、万一の場合でも人の安全を確保し、体がぬれたりしない構造になっている。

海の大事故

1912年に豪華客船タイタニック号が沈没して、1500人をこえる人が亡くなった。これをきっかけに緊急事態にそなえようと、とくにしっかりとした対策がとられたのが船だった。船はみな、乗客と乗員全員が乗れるだけの救命ボートを用意することになったんだ。毎日、24時間、無線を受信できる体制をとることも決められた。船に何かがおきて助けをもとめるには、そのころ登場した無線電信を使うのが一番早かったんだ。これは今も同じだよ。

救援活動のために次々出動！

航空機は車や船よりずっとスピードが速い。ヘリコプターなら道も滑走路もいらない。地震や洪水などの災害がおきたとき、現場にまっ先に到着するのはたいていヘリコプター。ヘリコプターは薬や食料、水など、なくてはならないものを運んでくる。大けがをした人を病院へ送りとどけて、またすぐにもどってくる。道路や鉄道の復旧が進むと、トラックや列車がこうした仕事を引きつぐんだ。

救援ヘリコプターは、緊急物資をとどける。一刻をあらそう災害現場では、待ちうけていた人たちがすばやく行動にうつる。

>>> 緊急の乗り物 <<<

治安を守ることも重要!

どろぼう、車の盗難、トラックの故障、けんか、交通事故。警察官は連絡をうけていろんな場にかけつける。ライトを点滅させ、サイレンを鳴らしながら猛スピードでやってくる車が見えたら、助けの到着だ。警察は救急隊や消防隊と協力して仕事をする。現場では、テープをはって立入禁止にし、野次馬を移動させ、混乱の中で犯罪がおきたりしないようにするのも警察の仕事だ。

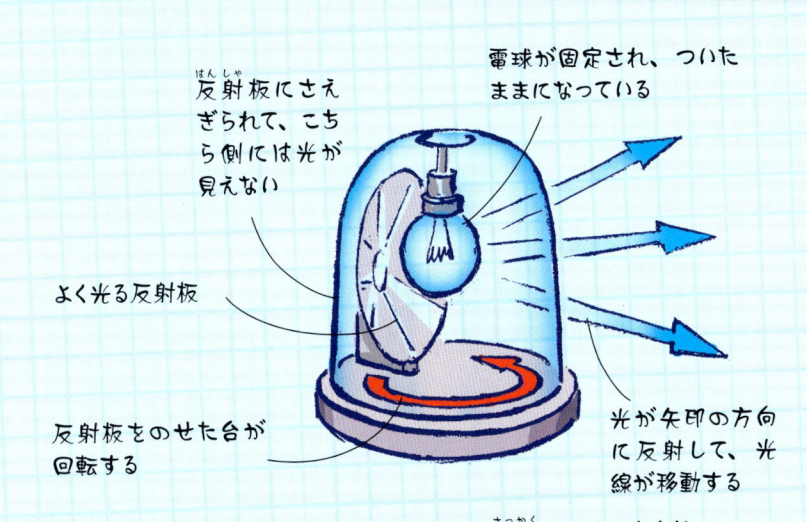

- 電球が固定され、ついたままになっている
- 反射板にさえぎられて、こちら側には光が見えない
- よく光る反射板
- 反射板をのせた台が回転する
- 光が矢印の方向に反射して、光線が移動する

ライトが点滅しているように見えるのは目の錯覚。本当にあんなふうに点滅していたら、すぐに電球が切れてしまうよ。

消防士は現場にできるかぎり近づいて状況を判断し、消火し、人や財産を守る。

救命に全力をつくす

人命を失うのは、一番悲しいことだ。救命の場では最初の数秒、数分がとても大切。だから救急隊員は1秒でも早く現場に到着しようとする。そして、救急車は応急処置をうけた患者を救命センターに猛スピードで送りとどける。救命にかかわるのは高度な訓練をうけた人たちで、人命の救助、けがの手あて、患者の回復のために力をつくしている。

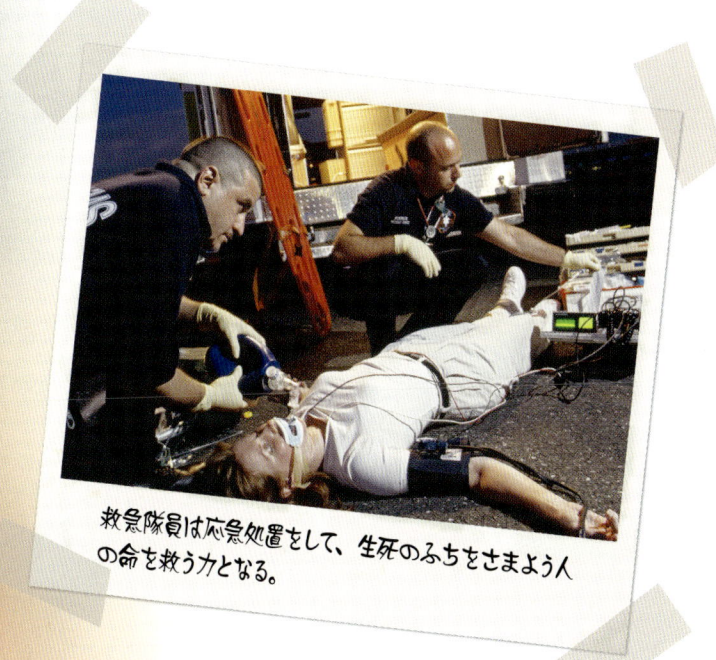

救急隊員は応急処置をして、生死のふちをさまよう人の命を救う力となる。

いざというときには、すばやい対応が必要。だから、緊急時に使う乗り物や機器には、つねに最新技術をとりいれていくことが大切だ。

5

白バイ

車の間をぬうように走り、せまい道を通りぬけ、でこぼこの土地もつき進んでいく白バイ。非常事態がおきたら、エンジンの音をひびかせ、けたたましくサイレンを鳴らしながら、白バイはまっ先に現場に到着する。警官はすぐにその場の状況を判断して本部に無線でようすを知らせ、救急や消防の出動が必要かも伝えるんだ。白バイは最高の機器をそなえ、手いれもつねにいきとどいている。

へえ、そうなんだ！

1894年にヨーロッパで実用的なバイクが売りだされた。それから14年ほどたったころ、アメリカのミシガン州デトロイトやオレゴン州ポートランドで警察がバイクを使うようになった。車で混みあう道路でもすいすい走れる白バイは、犯罪の解決にとても役立ったんだよ。

この先どうなるの？

最速の二輪車はジェットエンジンをそなえたバイク。でも、でこぼこ道でスピードをだすとうまくコントロールできないのが弱点だ。

有名なブロックのおもちゃ、レゴで、とても人気があるのが白バイと白バイ隊員のセットだ。

訓練中の警官。白バイで身を守っている。

- 風よけ
- ミラー
- 燃料タンク
- ライト
- ギアボックス

※ 白バイが走る！

白バイ隊員は、速く、しかも安全にバイクを走らせ、交通渋滞でもうまく切りぬけられるよう、何年も訓練をつむ。そして、愛用のバイクをうまく乗りこなし、自由自在にあやつれるようになるんだよ。でも白バイは、ただ走るだけが使命ではない。現場では、必要な指示をだす小さなコントロールセンターになる。何かが投げつけられたり銃撃されたりしたときは、盾の役目をはたすことだってあるんだ。

V型2気筒 シリンダーの外側にはフィンとよばれる冷却用のひだがついていて、内側にはピストンがおさまっている。名前のとおり、2つのシリンダーがV字型に配置されている。

>>> 緊急の乗り物 <<<

世界の白バイによく採用されているのは、アメリカのハーレーダビッドソン、ドイツのBMW（ヨーロッパではBMW製が圧倒的に多いんだ）、日本のヤマハ、カワサキ、ホンダのバイクだ。

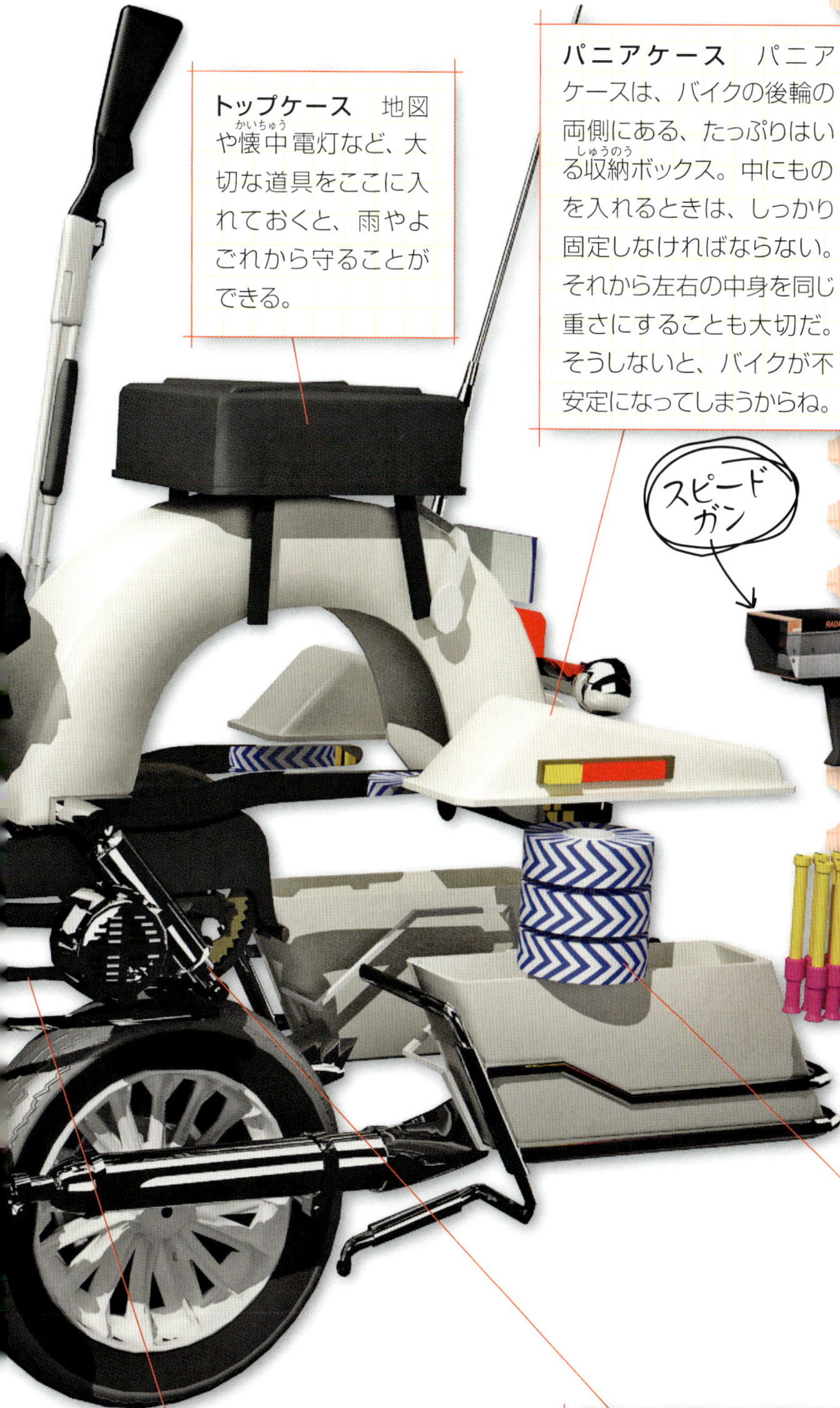

トップケース 地図や懐中電灯など、大切な道具をここに入れておくと、雨やよごれから守ることができる。

パニアケース パニアケースは、バイクの後輪の両側にある、たっぷりはいる収納ボックス。中にものを入れるときは、しっかり固定しなければならない。それから左右の中身を同じ重さにすることも大切だ。そうしないと、バイクが不安定になってしまうからね。

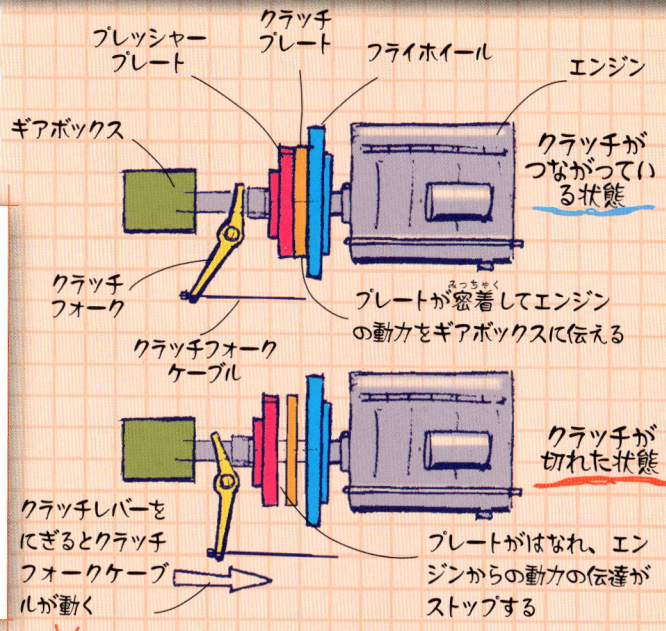

スピードガン

発炎筒

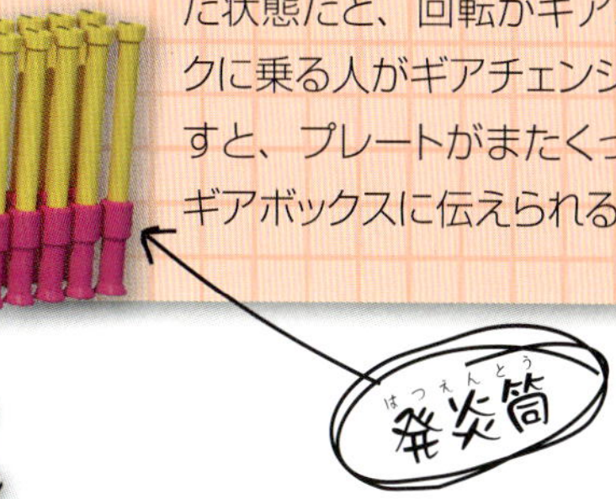

装備 警察官が使う道具のひとつが、バリケードテープ。事故現場にこのテープをはって、部外者がはいってくるのをふせぐんだ。

伝達装置 エンジンの回転動力はクラッチとギアボックスで調整されたあと、スプロケットとチェーン（自転車でも使われているよ）、あるいはドライブシャフトという回転軸によって後輪に伝えられる。

サスペンション コイルスプリング（バネ）と油圧式のダンパーを使って、でこぼこ道を走ったときのゆれをおさえる。

クラッチの仕組み

プレッシャープレート／クラッチプレート／フライホイール／エンジン／ギアボックス／クラッチフォーク／クラッチフォークケーブル

クラッチがつながっている状態 — プレートが密着してエンジンの動力をギアボックスに伝える

クラッチレバーをにぎるとクラッチフォークケーブルが動く

クラッチが切れた状態 — プレートがはなれ、エンジンからの動力の伝達がストップする

クラッチはエンジンの回転動力をギアボックスに伝達したり、伝達を止めたりする装置。バイクの左のハンドルについているクラッチレバーを操作するとクラッチフォークが動き、それによって円盤状のプレッシャープレートも動く。つまり、クラッチレバーをにぎると、ギアボックスにつながるプレッシャープレートがクラッチプレートからはなれるんだ。クラッチプレートはエンジンの力でつねに回転しているけれど、クラッチが切れた状態だと、回転がギアボックスに伝わらない。バイクに乗る人がギアチェンジをしてクラッチレバーをはなすと、プレートがまたくっついて、エンジンの動力がギアボックスに伝えられるんだ。

1973年の映画『グライド・イン・ブルー』ではハーレーダビッドソン社のバイク、エレクトラグライドが主役級の役割をはたしたんだ。

爆発物処理ロボット

となりにいる人が爆弾の起爆装置を外すのをじっと待っている。そんな状況におかれたら、本当にこわい思いをするだろう。これをロボットにまかせると、人が危険な目にあわずにすむ。ロボットの中には、爆弾をこわさないように処理するものもあるんだ。そうすれば爆弾に新しいしかけがないかどうか、あとで専門家が調べられるからね。また、爆弾を爆破してもだいじょうぶな場所まで運んでいくロボットもいる。ほとんどのロボットは、無線を使って安全な場所から操作されるんだよ。

へえ、そうなんだ！

爆弾処理がおこなわれるようになったのは、第1次世界大戦中（1914～1918年）。急いでつくられた爆弾の多くが不良品で、不発弾として戦場に残ってしまったからだ。爆発物処理ロボットが登場したのは1970年代のこと。北アイルランドで紛争がおきたとき、自動車爆弾がくりかえし使われたことから、ロボットがつくられたんだよ。

この先どうなるの？

将来は、爆弾に使われている最新のしかけをすべてプログラムに組みこみ、次はどんな爆弾がつくられるか予想するロボットがあらわれるかもしれないよ。

探知機 センサーが働いて、爆発物の材料となる化学物質など、空中にある物質をほんのわずかな量でも感じとる。いろんな種類のセンサーがあり、探しだしたい化学物質に合ったセンサーがとりつけられる。

軍用ロボットの多くが、路肩爆弾などの簡易爆発物の発見に利用されている。

パックボットはすぐれた軍用ロボットのひとつ。世界で2500台以上が使われている。左右にとりつけられたキャタピラーで走行。フリッパーを使って大きな石や階段をのぼることだってできるんだ。

電気駆動システム ほとんどのロボットが電気モーターでキャタピラーやアーム、レバーを動かす。キャタピラー用のモーターはトラクションモーターとよばれる。回転はゆっくりだけど力が大きい。

✻ キャタピラーの仕組み

キャタピラーは、爆発物処理ロボットや大型戦車、ブルドーザー、掘削機、建設機械など、さまざまなものに使われているよ。帯状につなぎ合わせたたくさんのプレートが地面をしっかりととらえる。そして機械の重さを分散するので、地面のやわらかいところでも乗り物はしずみこんで立ち往生したりしない。左右のキャタピラーの速度は、ふつう2本のレバーで別々にコントロールされる。どちらか一方のキャタピラーの回転を速くすると、乗り物はスピードを上げた側と反対の方向に曲がっていくんだ。

左右のキャタピラーが同じ速度で回転すると、乗り物はまっすぐ前に進む

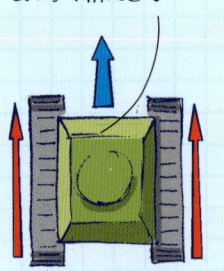

左のキャタピラーの回転速度を上げると、乗り物は右に曲がる

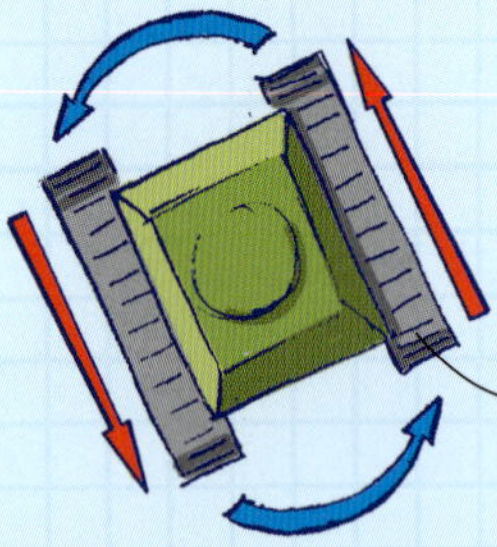

一方のキャタピラーを前進させ、もう一方を後退させると、乗り物はその場で回転する

起動輪 キャタピラーは、ふつう、前後どちらか一方の車輪をモーターで動かして帯の部分を回転させる。帯が回転すると、遊動輪も回る。

リターンローラー

歯

転輪 転輪は独立した車軸につけられていて、自由に回転する。ロボットの重さは転輪によって帯の部分に分散される。

>>> 緊急の乗り物 <<<

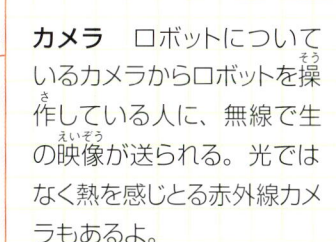

カメラ ロボットについているカメラからロボットを操作している人に、無線で生の映像が送られる。光ではなく熱を感じとる赤外線カメラもあるよ。

ロボットハンド 手の先の部分に圧力センサーのついているロボットもあるよ。爆弾を強くはさみすぎて爆発させたりしないようにね。

アーム アームには関節がいくつかある。それぞれの関節につけられた電気モーターで、ロボットのアームは上下、左右、前後に動く。

アームのモーター

ロボットがあやしいバイクを調べている。

✳ ロボットは、動じない

爆弾犯は、次々といろんな手を考えだしてくる。ゆれを感じとる装置もそのひとつ。ほんのわずかなゆれで爆弾は爆発する。赤外線センサーを使った、人の体温に反応して爆発する爆弾もある。でもロボットなら、爆発の危険性が低い。動作がゆっくり、確実で、緊張してふるえたりしないし、人の体ほど熱を発することもないからね。ロボットが爆弾を爆発させずに処理してくれると、どんなつくりになっているのかわかって、とても助かるんだ。

キャタピラー たくさんのプレートが帯状につなぎ合わせてある。プレートの材料はふつう、かたくて強いゴム。内側にV字型につきでた部分があり、それが前輪、後輪の歯とかみあうようになっているんだ。

シャーシ

遊動輪 前輪には後輪と同じように歯がついていて、ベルトが外れるのをふせいでいる。でも、この車輪は「受け身」で、周囲にかけられたベルトの動きによって回転する。

爆発物処理ロボット、タロンには、化学物質やガスを感じとるいろんなセンサーの中から、必要なものを選んでとりつけることができる。

9

パトロールカー

パトロールカーは、ドライバーが安全運転をするよう道路を巡回する。そして交通事故や緊急事態がおきたら、すぐに現場に急行。国によっては、カメラやパソコンなどの電子機器をそなえているパトロールカーもある。その地域の指令室と直接無線でつながり、パソコンを使って盗難車や不審車、指名手配者についての情報を得ることもできるんだ。

へえ、そうなんだ！

1899年にアメリカ、オハイオ州アクロンの町で、最初のパトロールカーが巡回にでた。電気モーターで動く車で、最高時速は26キロメートル。最初にうけた出動依頼は、大通りにいる酔っぱらいを引きとりに来てほしいというものだったんだ。

この先どうなるの？

テーザー銃は、長い電流コードのついた矢を発射し、乱暴で手におえない相手に電気ショックをあたえる銃。これを車に応用して、スピード違反の車や盗難車を止められないか、実験を進めている国もあるよ。

自動ナンバープレート認識装置は、わずか数秒のうちにナンバープレートを読みとって所有者をわりだす。

強化バンパー 強化バンパーをつけると、パトロールカーを傷つけずに、ほかの車を押したりドアを突破したりすることができる。

パソコン ニューヨークのパトロールカーには、ノート型パソコンが装備されている。いろんな情報システムとつながっていて、すぐに道路地図や容疑者などの情報を得ることができる。

回転灯

カメラ

サイドミラー

V型8気筒エンジン

✳ 回転灯の仕組み

パトロールカーや消防自動車についている「チカチカと光る」回転灯。その仕組みはさまざまだ。たとえば、電球がずっとついた状態で、じっさいには点滅していないタイプのもの。おわんのような形のよく光る反射板が電球のまわりを回転して、その光を周囲に散らす。それが点滅しているかのように見えるんだ。本当に点滅し続けると電球は切れ、電球を回転させるとコードがもつれてしまう。でも、この方式ならそんな問題はおこらないんだ。

反射板にさえぎられて、こちら側には光が見えない

電球が固定され、ついたままになっている

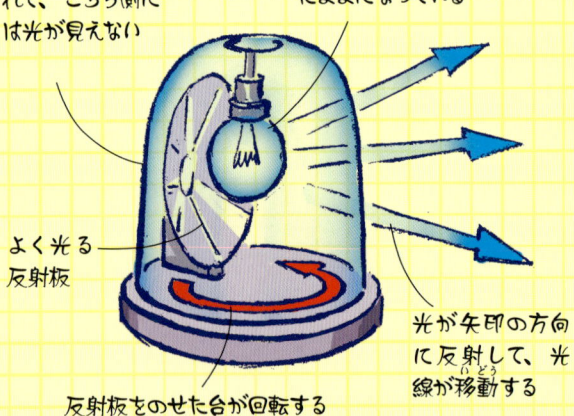

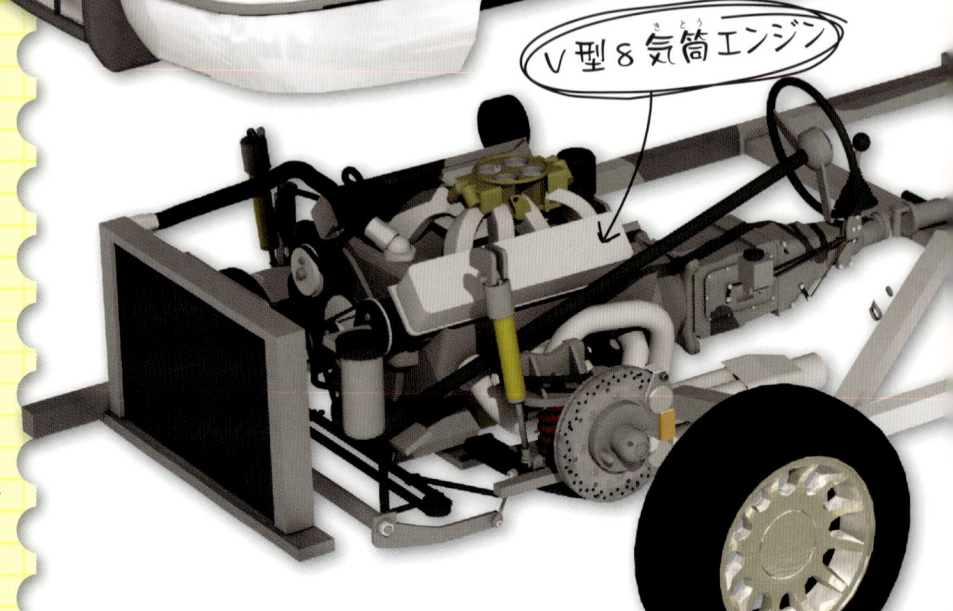

よく光る反射板

反射板をのせた台が回転する

光が矢印の方向に反射して、光線が移動する

>>> 緊急の乗り物 <<<

ディスクドライブ ニューヨークのパトロールカーのパソコンのハードディスクには、盗難車や指名手配者についての最新の情報がはいっている。無線が故障しても、圏外になってもだいじょうぶなようにね。

アンテナ 警官は本部と連絡をとりあいながら仕事をすることが大切だ。だから、そのときの電波状況におうじて電波を使いわけられるよう、パトロールカーにはアンテナが何本かついている。

スパイクストリップ 箱にきちんとしまわれたスパイクストリップ。数秒あれば、箱からだして地面に広げることができる（下も見てみよう）。

世界一速いパトロールカーをもっているのは、イタリアの警察。ランボルギーニ社のガヤルドが3台あるんだ。ガヤルドの最高速度は、時速300キロメートルをこえる。けれど、そこまでスピードをだすことはほとんどない。主な仕事は救急活動と高速道路の巡回。でも、2009年11月にほかの車と衝突して、1台はめちゃくちゃにこわれてしまったんだ。

✳ 容疑者の車をパンクさせろ！

スパイクストリップは、金属製のするどいスパイクを一面につけたシート。とがったほうを上にむけて道に広げ、容疑者の乗った車をパンクさせるのに使われる。スパイクの形はさまざま。少しずつタイヤに食いこむようくふうされたスパイクもある。そうしておけば、タイヤが4ついきなりパンクして、運転手が車をコントロールできなくなるのをふせげるよ。でも、これがいつもうまくいくわけではなく、スパイクストリップには「タイヤシュレッダー」というニックネームがついている。

表記 パトロールカーは、どこの警察の車かを車体に書いておかなければならない。でも、ひみつ捜査をしている「ふく面パトカー」にはもちろん書かれていないよ。

ディスクブレーキ

シャーシ

使ったスパイクストリップをかたづける。

救急バイク

救急バイクは車輪が2つのミニ救急車。命にかかわるようなけがや病気を応急手あてするための装置や薬をそなえている。国によっては、救急ライダーは応急手あてができるだけでなく、酸素吸入や除細動（心臓に電気ショックをあたえて正常なリズムにもどすこと）などの複雑な処置もきちんと身につけている。

へえ、そうなんだ！

訓練をうけた救急隊員の乗った「救急バイク」が活やくするようになったのは、第1次世界大戦中（1914～1918年）。でも、除細動器のような装置ががんじょうになって、持ち運びもでき、現場で使えるようになったのは、1980年代のことだった。

この先どうなるの？

心臓モニターのような装置からデータが無線で近くの医療センターに送られ、どんな処置が必要か、医者が救急隊員にアドバイスするんだ。

イギリスの救急バイクは、心臓などの移植用臓器を病院に大急ぎでとどけるのにも使われる。

カウリング

バイクの事故が発生し、3分もたたないうちに救急バイクが到着。

＊ 現場にまっ先にかけつける

心筋梗塞や脳卒中などの場合、手あてが早ければ早いほど命の助かる可能性が高く、その後の状態もよい。最初の10分間は「プラチナの10分」といわれるほど貴重なんだ。車の間やせまい道をすりぬけて現場へと急ぐ救急隊員と、バイクにつまれた医療用品のはたす役割は本当に大きい。最初の1時間は「金の1時間」といわれ、これも大切な時間だ。

フロントフォーク

ディスクブレーキ

タイヤ チューブレスタイヤは毎日空気圧の点検がおこなわれる。ちょうどよい空気圧にしておかないと、タイヤがすぐにすりへったり、すりへり方がかたよったりする。そうなると地面をとらえる力が落ちてすべりやすくなるんだ。

>>> 緊急の乗り物 <<<

医薬品セット いろんな薬が一方のパニアケースにはいっている。いつも中身の点検がおこなわれ、必要におうじて別のものや新しいものにとりかえられる。

心臓モニター 心臓モニターの画面には、心電図とよばれる波形の線があらわれる。これを見て患者の状態を知り、心臓に「ショック」をあたえて動きを正常にもどす除細動が必要かどうかを判断する。

酸素 息が苦しい人には、酸素マスクを使って酸素ボンベから酸素が送られる。痛み止めのガスをすわせるときにも、この方法が使われる。

消火器

輸液セット 容器の中にはいろんな種類の血液代用液や薬をとかした液体がはいっている。これらの液はふつう「点滴」で静脈に入れられる。

国によっては大きなショッピングモールや競技場の中に、屋内用の電動救急スクーターをそなえているところもある。ガソリンエンジンは大きな音をたて、有害なガスをだして空気をよごすけれど、電動ならだいじょうぶだ。

✻ チューブレスタイヤの仕組み

タイヤは内側のチューブがパンクすると、風船がわれたときのように、あっという間にペチャンコになってしまう。中にチューブのないチューブレスタイヤは、パンクしても空気がゆっくりとぬけていく。チューブレスタイヤの両はしにはビードとよばれる部分がある。少しもりあがっていて、鋼線をいれて強くしてある。このビードがタイヤの空気圧で車輪のリムのくぼみにぴったりとくっついて、空気をにがさないんだ。

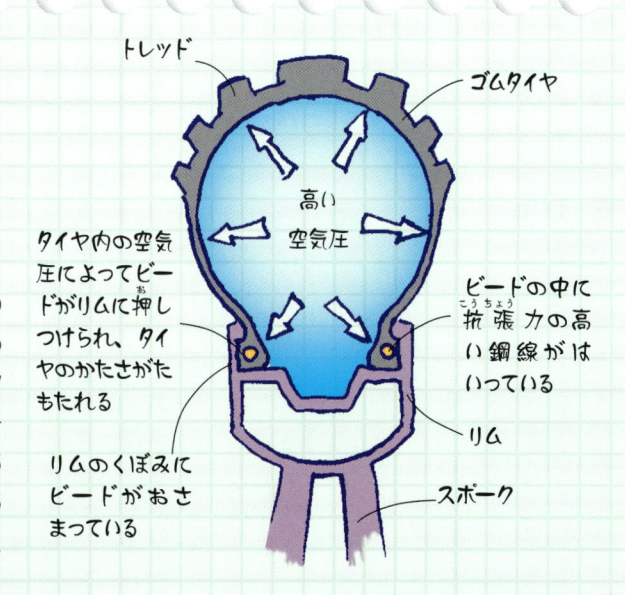

トレッド
ゴムタイヤ
高い空気圧
タイヤ内の空気圧によってビードがリムに押しつけられ、タイヤのかたさがたもたれる
ビードの中に抗張力の高い鋼線がはいっている
リム
リムのくぼみにビードがおさまっている
スポーク

救急車

サイレンを鳴らし、回転灯をつけ、道をあけるようほかの車に警告しながら現場へとまっしぐらに急ぐ救急車。救急車の運転手は、速さと安全の両方に気をくばらなければならない。救急車には重体の人を手あてする大切な機器や薬がつんである。

へえ、そうなんだ！

かつては、馬の引く荷車を使ってけが人や病人を近くの医者、あるいは遺体の安置所まで運んでいた。やがてこの荷車が進化して、けが人用の薬がそなえられた。救急車が最初に登場したのはアメリカのシカゴ。1899年のことで、1909年から救急車の大量生産が始まったんだ。

この先どうなるの？

電子工学が発達して心臓や脳のモニターがデータの分析までおこない、救急隊員はそれを参考にして診断をするようになるかもしれないよ。

中東のドバイにあるバスをつくりかえた巨大な救急車は、一度に50人ほどの手あてができるんだ。

医薬品 たくさんの薬がそろっていて、さまざまなケースに対応できる。

- 空気がここからすいこまれる
- ステーターの小さな穴が高音を生む
- ローターが回転して空気を噴出させる
- ステーターの大きな穴が低音を生む
- 電気モーターがローターを回転させる

✴ サイレンの仕組み

空気式の、音の高低が変わるサイレンは、穴のあいた円筒を2重にした装置を使って鳴らされる。ローターとよばれる内側の円筒は、先が広がっていて、電気モーターで回転。ステーターとよばれる外側の円筒は固定されている。ローターの先からすいこまれた空気は、回転するローターとステーターの穴がかさなったときだけ噴出。これによって空気が振動して音が生まれるんだ。ローターの回転速度が変わると、サイレンの全体的な音の高さも変わるよ。

ストレッチャー 折りたたみ式ストレッチャーは、その時々におうじて高さを変えることができる。

燃料タンク

>>> 緊急の乗り物

サイレンを鳴らして救急車が通る!

緊急自動車の多くは、回転灯とけたたましいサイレンを使って出動中であることをまわりの人たちに知らせる。いろんな種類のサイレンがつくられているけれど、ひとつ問題がある。高いビルの立ちならぶ都会ではサイレンがあちこちにこだまする。だから、どっちの方向から救急車がやってくるのかわからないんだ。そこで、新しいタイプのサイレンがためしにつくられている。

最新のポータブルX線撮影装置はシューズボックスより小さいんだ。

救急隊員

出動要請をうけて現場へ急ぐ救急車のために、ほかの車は道をあける。

メルセデス・ベンツのAMGステーションワゴンが改造され、超高速の救急車としてF1サーキットで活やくしている。

医療用品 隊員が救急車をはなれるときは、車内の戸だなにカギをかける。何かぬすまれるといけないからね。

ラジエーター

伝達装置 車体の下のドライブシャフト（プロペラシャフト）が、エンジンの回転運動を後輪に伝える。

座席 患者をよく知っている人がついてきて、患者がこれまでにかかった病気のことなどを話してくれると、隊員はとても助かるんだ。

オフロード救助トラック

緊急事態は、いつも平らな道のそばでおきるとはかぎらない。大自然の中で登山やトレッキング、洞窟探検にいどむ人に何かあったときは、オフロード救助トラックの出番だ。オフロード用の車はサスペンションの性能がとてもよく、タイヤのグリップ力がすごく強くて、最低地上高が高い。最低地上高というのは、地面から車体の一番低い部分までのきょりのことだよ。

へえ、そうなんだ！

昔は、山でだれかが遭難すると友人や地元のボランティアが助けにむかった。馬やラバ、ラマのような動物をつれた、組織的な救助活動が始まったのは20世紀にはいってから。1920年代には、それまでよりがんじょうになった自動車が使われだした。

この先どうなるの？

ホバークラフトは、下から空気をふきだしてエアクッションをつくり、うき上がって走る乗り物。現場まで遠いときにホバークラフトを使っていくことができないか、実験が進んでいる。でも、コントロールがむずかしいのが問題なんだ。

1948年にオランダのアムステルダムで開かれたモーターショーで、ランドローバーが初公開されて人気をよんだ。

最初のジープは、1940年にアメリカで軍用につくられた。

ルーフラック かさばるけれど重くないものをここにのせる。ささえ棒がたくさんあるので、荷物の重さが屋根全体に分散される。

ランドローバーは、けわしいでこぼこ道もへっちゃらだ。

★ ちょっと古いけど、たよりになるヤツ

ジープ、そしてランドローバーが登場したのは1940年代。戦時中、兵士や物資、死傷者をのせてあれた土地を走る自動車が必要になり、がんじょうで修理がかんたんな全地形対応型四輪駆動車としてジープが誕生した。そして、ジープにならってつくられた一般むけの車がランドローバー。シンプルな設計で、こわれやすい部品をなるべく使わないようにしている。シャーシがスチール、車体がアルミ合金なので、じょうぶで、軽くて、さびないんだ。

救急用品 ほとんどの場合、応急手あてをするための薬や包帯一式、軽い担架などの医療用品をつんで現場にむかう。

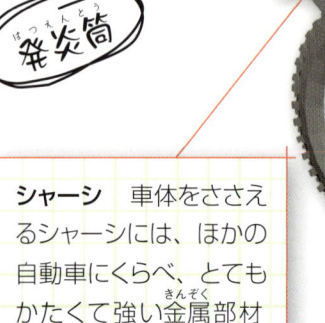

燃料・水タンク

ステップ

泥よけ

発炎筒

シャーシ 車体をささえるシャーシには、ほかの自動車にくらべ、とてもかたくて強い金属部材が使われている。

強化サスペンション

>>> 緊急の乗り物 <<<

※ サスペンションの仕組み

道がもりあがっていると、そこを通った車輪は押し上げられる。このとき車全体がもち上がるのをふせぐために、車輪にはウィッシュボーンというV字型のアームがとりつけられている。ウィッシュボーンはベアリングを使ってシャーシとつながれ、車輪の動きにともなって上下に動く。これだけだとシャーシも上下に動き始めてしまうけれど、油圧式ダンパー（ショックアブソーバー）があるのでだいじょうぶ。ダンパーはスプリングと、ピストンのおさまっているシリンダーでできた装置。シリンダーの中には油がはいっている。この装置がすばやく衝撃を吸収してゆれをやわらげるんだ。

図の説明:
- でこぼこの地面を走ると車輪が上下に動く
- ダンパーのとめ具
- ダンパーとスプリングがゆれをやわらげる
- タイヤ
- スプリング
- ステアリングアーム
- ダンパー
- ホイール
- エンジンの動力を車輪に伝える
- ロアーウィッシュボーン
- ウィッシュボーンはシャーシにとりつけられたベアリングを軸にして上下に動く
- シャーシ

ベーシックなランドローバーは、つくりがしっかりしているけれど、とくに静かで快適というわけではない。それを高級にしたモデルが、ディスカバリーやフリーランダーだ。

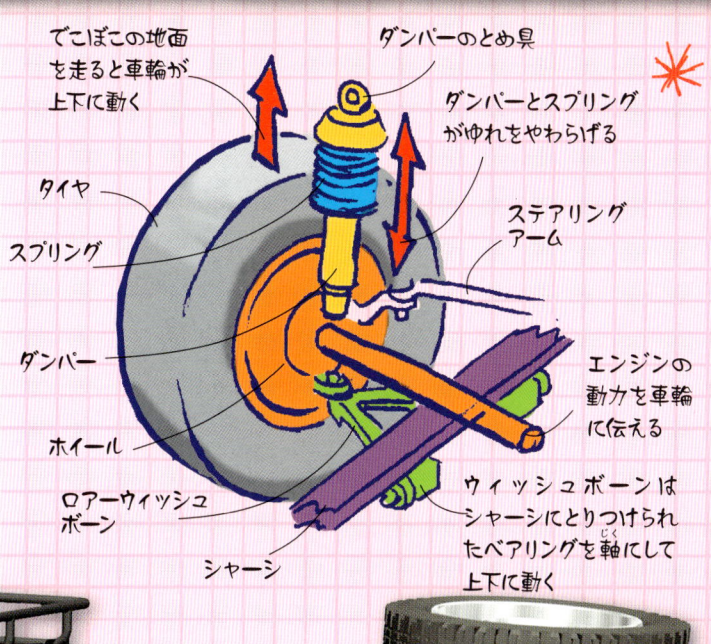

- スペアタイヤ
- 強化バンパー
- みぞの深いタイヤ

車体板 車体板はほとんどが平らで、とり外しができる。だから、小さなへこみなら反対側からハンマーでたたけばよい。こわれたらとりかえもできる。

ウインチ 車がぬかるみにはまったら、ウインチのワイヤーの端を木や大きな石にしっかりまきつけて、円筒形のまき胴を回転させればいいんだ。ぬかるみにはまったほかの車を助けだすのにも使えるよ。

ディーゼルエンジン 強力なディーゼルエンジンは、スピードの点ではガソリンエンジンにまけるかもしれないけれど、じょうぶで信頼性が高い。電気部品や可動部品が少なく、こわれにくい。

「ジープ」という名前には、「使い道の広い」という意味の英語「General Purpose」の頭文字「GP（ジーピー）」の発音がちぢまって「ジープ」になったっていう説があるよ。

消防自動車

火事と戦うだけが、消防自動車の仕事ではない。消防車はいろんなところで活やくする万能選手だ。だれかが禁止区域でキャンプファイヤーをしていたら消しにいき、地震や爆発のような大災害がおきたときは、救援活動をする。消防車にはポンプとホースのほかにもさまざまな道具がつんである。夜でも、トンネルや地下道のような暗い場所でも活動できるよう、強力なライトだってあるんだ。

へえ、そうなんだ！

消防車用の機械式ポンプができたのは18世紀のこと。消防車といっても、そのころは、消防設備をのせた台車を馬が引いていた。そしてポンプは、シーソーのような形をした大きなレバーを人が手で上下に動かして作動させてたんだ。

この先どうなるの？

消防用ホースの素材は、どんどんよいものに変わっている。小さなわれ目ができて、そこから水がふきだしたりしたら、そばにいる人が大けがをしかねないからね。

エアホーン

ラジエーターグリル

運転台 運転台にはいろんな機器がついている。GPSを使っている国もあり、大型車が現場までいく、一番よいルートがわかる。

✳ ラジエーターの仕組み

ガソリンエンジンやディーゼルエンジンの中ではたえず燃料が爆発している。だから大きな熱が発生する。この熱でエンジンがこわれたりしないよう、エンジンの中に通路をつくって冷却水（水に不凍液をまぜたものが多い）を流し、エンジンを冷やす。エンジンの熱で熱くなった冷却水は、金属製のラジエーターに流れていく。ラジエーターにはフィンとよばれるひれ状の突起がたくさんついている。フィンは熱を周囲に放出する役目をはたすんだ。

- ラジエーターが熱を空中に放出する
- 冷めた冷却水がたわみ管を通ってエンジンに流れていく
- ポンプで冷却水を循環させる
- 冷却水がエンジンの中の「ウォータージャケット」とよばれる通路を流れる
- 熱くなった冷却水がたわみ管を通ってラジエーターに流れていく
- たくさんの管とフィンがすぐに冷却水の熱を冷ます

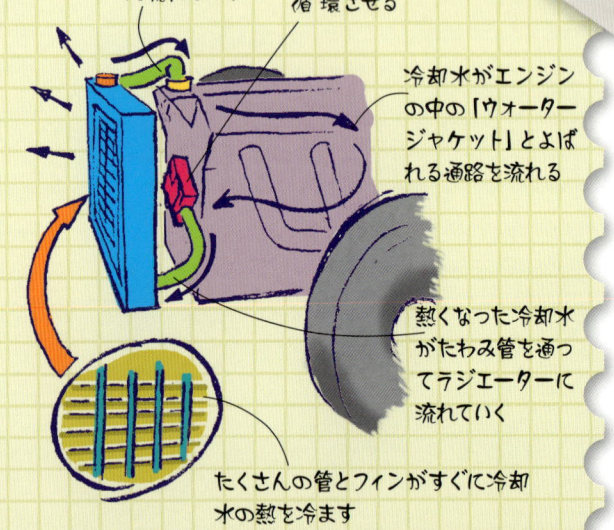

クラクション

世界一速い消防車は、日産GT-Rだ。後部座席をとりはらい、消火剤のはいった大きなタンクがすえつけてある。ドイツのケルンの近くのニュルブルクリンクサーキットに配備されたこの消防車は、事故をおこして燃えだした車の火を消し、車からもれた燃料に引火するのをふせいでいるよ。

強力なエンジン 消防車に必要な水や装備はとても重い。出動前の大型車だと重さが20トンをこえることもある。だから小さな橋や弱い橋はわたることができず、通り道がかぎられてしまうんだ。

>>> 緊急の乗り物

排気管 有害な排気ガスは、隊員に悪い影響をあたえないよう、頭より高い位置で排出される。

消防服と空気呼吸器 特殊な防火服と空気呼吸器が側面の収納部にはいっている。

消防バイクのなかには、防火毛布や消火器、泡のでる放水銃をつんでいるものもある。

収納部 道具はいつも同じ場所にしまわれている。そうすれば必要なものをすぐにとりだすことができるからね。

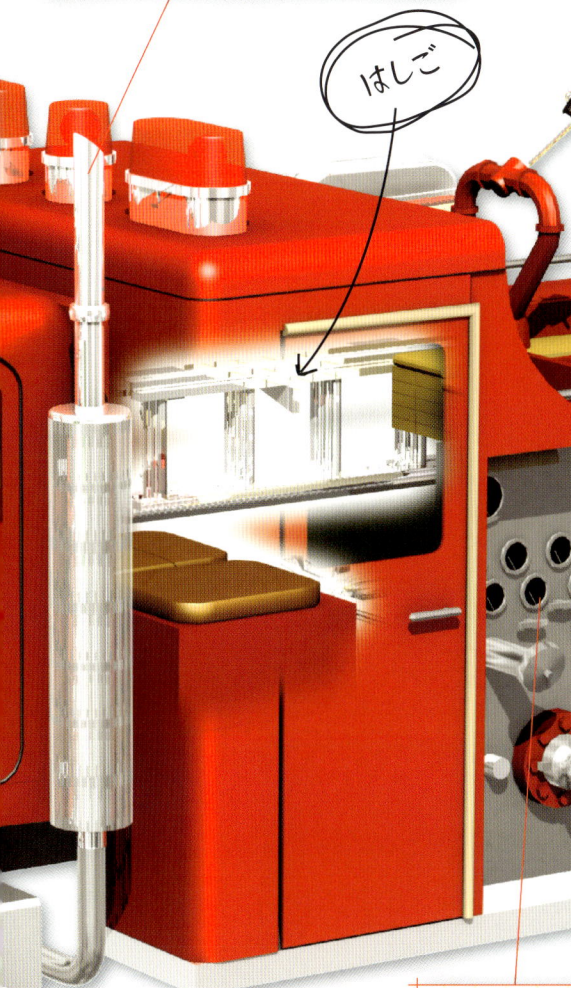

はしご

放水砲

コントロールパネル 水ポンプや泡ポンプ、スプレッダーのような油圧式器具。コントロールパネルでいろんな機器を制御できるんだ。

タンク 標準的な消防車は1500リットル以上の水がはいるタンクをつんでいる。

回転台のついたはしご、人が乗れるバケットのついた油圧式はしご、泡消火装置。消防車には特殊な機器がたくさんある。水を運ぶ水槽車もあるよ。

ホースをもち続けるには、力だけでなく技術も必要だ。

✳ 巨大圧力をかける！

火元をめがけて50メートル以上放水するには大きな圧力が必要だ。水がでるとき、それと反対の方向に働く力が生まれ、ホースは押しもどされる。消防隊員は圧力が少しずつ大きくなってくるのを感じたら、反動でホースが手からはなれたりしないよう体勢をととのえる。ホースは落ちると地面をはね回る。ホースをにぎり直すには、一度水圧を落とさなければならないんだ。

19

空港化学消防車

飛行機の火災はすぐに消し止めないと、大きな事故になる。飛行機はとても燃えやすいジェット燃料をたくさんつんでいて、中に500人以上の人がとじこめられている場合だってあるからだ。大きな空港では、2分以内に消防車が消火活動を始められるようにしなければならない、という規則がある。消防車が何かの理由で出動できないときは、飛行機は離陸も着陸もできないんだ。

へえ、そうなんだ！

泡消火薬剤は19世紀末ごろに登場した。工場や、そのころどんどんふえていた自動車の石油系燃料をあつかう貯蔵庫の火事を、泡をかけて消したんだ。

この先どうなるの？

火が燃えるには酸素が必要だ。火を消すということは、酸素不足にするということ。とても重い不活性ガスを使って火を目に見えない毛布でおおったような状態にし、酸素をさえぎって消火するという方法がとりいれられるようになっている。

粉末消火薬剤のひとつに"パープルK"がある。紫色に着色されていることから、この名前がついたんだ。

放水砲 泡や水を噴射する放水砲は放水銃とかモニターともよばれる。これを運転台からオペレーターなどが操作するんだ。

✳ パンクチュアノズルの仕組み

飛行機の燃料が客室にもれたら、発火や爆発につながる危険性が高い。化学消防車の中には、パンクチュアノズル（ピアシングノズル）という新しい装置をそなえたものがある。20メートル先までとどく伸縮アームの先にとがったノズルがついた装置で、このノズルを使って飛行機の胴体に穴をあける。そして無害の消火薬剤をアームを通して送り、機内に噴射するんだ。

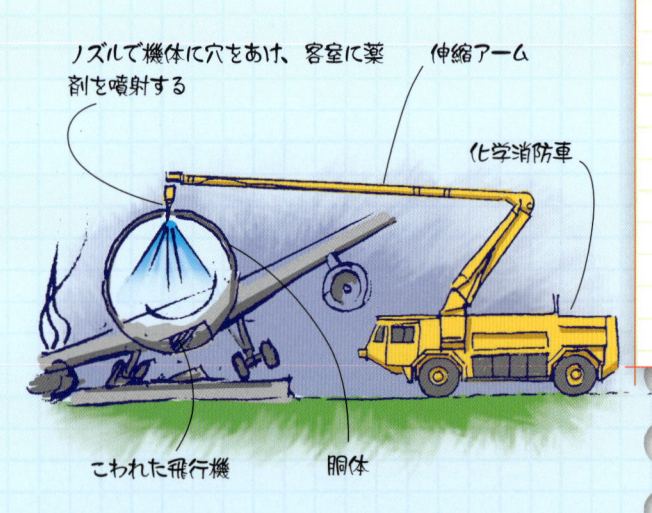

- ノズルで機体に穴をあけ、客室に薬剤を噴射する
- 伸縮アーム
- 化学消防車
- こわれた飛行機
- 胴体

運転台 運転台はふつう5人以上がすわれるようになっていて、事故をおこした飛行機のことをよく知っている技術者もいっしょに乗ることが多い。燃料パイプが飛行機のどこを通っているかなど、危険な箇所を教えてくれるんだ。

熱に強い車体

大型の空港用化学消防車は、1万5000リットルの水、2400リットルの泡消火薬剤、200キログラムの粉末消火薬剤をつむことができる。

>>> 緊急の乗り物 <<<

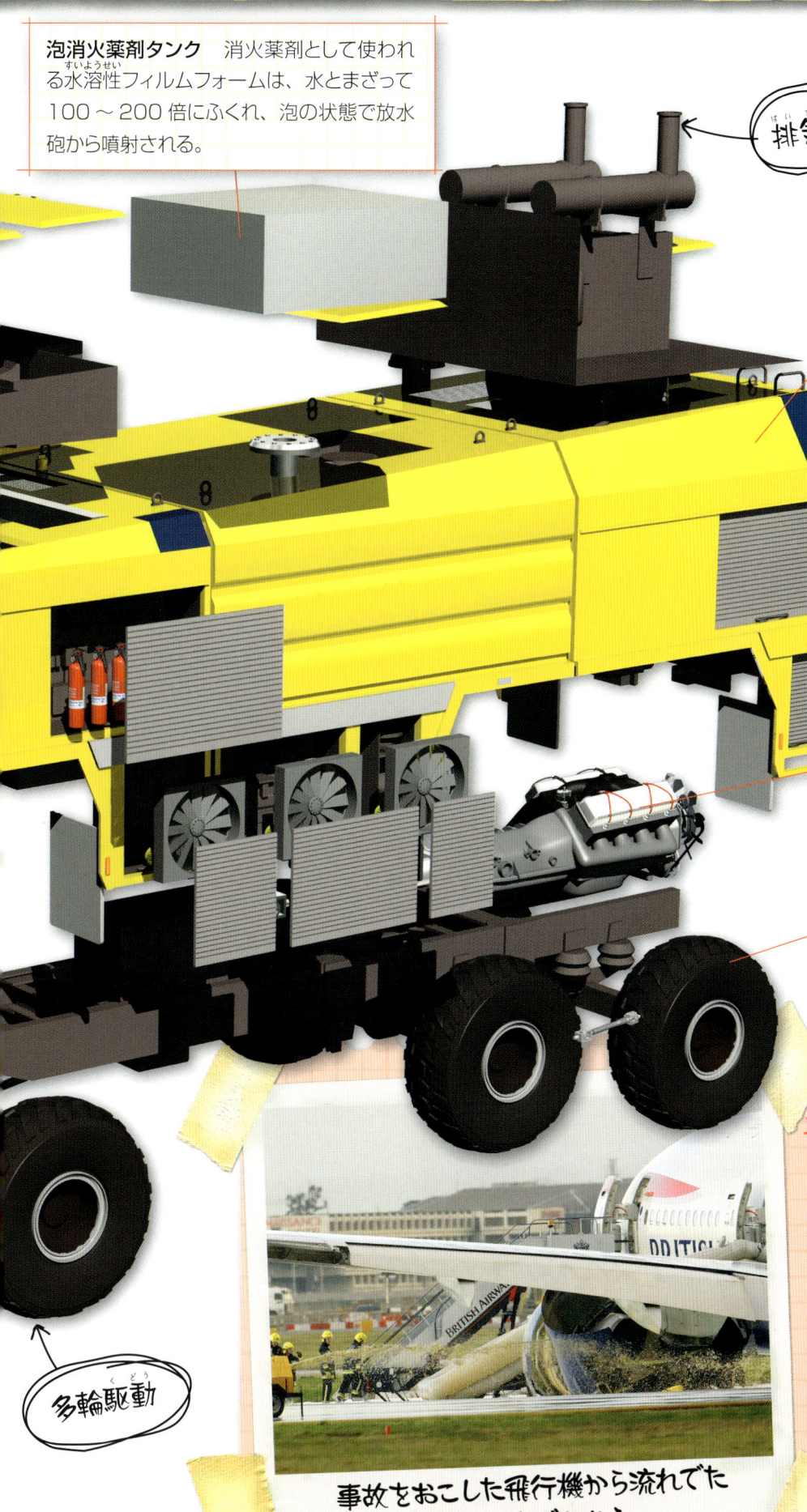

泡消火薬剤タンク 消火薬剤として使われる水溶性フィルムフォームは、水とまざって100〜200倍にふくれ、泡の状態で放水砲から噴射される。

排気管

収納部 空港化学消防車には、車のエンジンで動く油圧式カッターなど、ふつうの消防自動車と同じような道具もたくさんつんである（P19も見てみよう）。

空港化学消防車は空港内の一番遠いところまで何分でいけるか、定期的にチェックしなければならない。

エンジン 大型で、重さが40トンをこえるような空港化学消防車が現場に急行するには、大きなV型8気筒ターボディーゼルエンジンが必要なんだ。

タイヤ 緊急事態は空港のどこでおきるかわからない。草のしげったところでもでこぼこの地面でも走れるように、空港化学消防車はグリップ力の強い低圧タイヤをつけている。

多輪駆動

✳ "泡の毛布"をかける

多くの火事は水で消える。でも、炎をあげて燃えている液体燃料に水をかけると、火がさらに大きくなって、もっと危険になる。こんなとき使われるのが泡消火薬剤。2種類の薬剤を水とまぜて放水砲から噴射すると、燃えやすい燃料がたくさんの泡でおおわれて、空気がいかなくなる。火が広がるのをふせぐために、飛行機の燃料タンクや地面にこぼれおちた燃料にも"泡の毛布"をかけるんだよ。

事故をおこした飛行機から流れでた燃料を泡でおおう。

消防艇
しょうぼうてい

消防艇は、いろんなケースに対応できる水上の消防車だ。ボートや船だけでなく、海底油田の掘削施設や、ダム、橋、海辺の倉庫、港、ドックで火事や緊急事態がおきたときも出動。救助艇や救急センターの役目をはたすことも多い。消防艇の放水砲は、強力なものだと、100メートル以上先まで水や泡を飛ばすことができるんだ。

へえ、そうなんだ！
19世紀に蒸気ポンプを使って放水する蒸気船が登場した。ロンドンでは1900年に最初の自走式消防艇アルファIIが配備され、ほかの港もすぐにそれに続いたんだ。

この先どうなるの？
もっと長くのばせるブームの開発が進んでいるよ。長ければ、上から火元をねらって水を噴射し、効果的に消火することができるからね。

アメリカ、ロサンゼルスの消防艇、ワーナー・L・ローレンスは120メートル以上の高さまで水を飛ばすことができる。

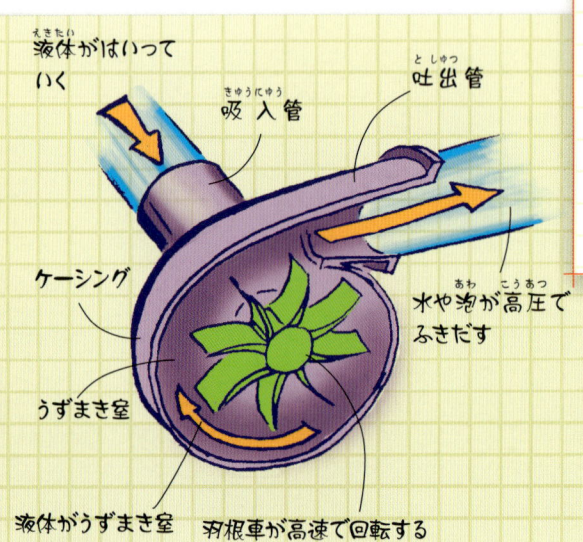

レーダー

無線アンテナ

放水デッキの放水砲 船の前方にすえつけられた放水砲は、炎の下のほうにねらいを定める。

ブリッジ ここで艇長が指揮をとる。広く見わたせるようぐるりと窓があり、船内のほかの部屋や、消防員などの乗組員と無線で連絡をとることができる。

救命ブイ

放水デッキ

高圧ポンプの仕組み

図中ラベル：液体がはいっていく／吸入管／吐出管／ケーシング／うずまき室／水や泡が高圧でふきだす／液体がうずまき室へ流れていく／羽根車が高速で回転する

流体用（気体と液体をまとめて流体という）高圧ポンプとしてよく使われるのが遠心ポンプ。遠心ポンプの回転羽根車は飛行機のプロペラに似ている。でも飛行機とちがって、少しカーブした羽根がまっすぐとりつけられている。電気モーターやディーゼルエンジン、ガソリンエンジン、蒸気タービンで羽根車を高速回転させると、流体がポンプの中心部に引っぱられるようにはいってくる。そして遠心力の働きで外にむかい、ドーナツみたいな形のうずまき室に流れていく。羽根の回転でうまれる高い圧力にはむらがあるけれど、うずまき室でそのむらがなくなり、流体は一定の圧力で吐出管へと流れていく。

>>> 緊急の乗り物 <<<

ブームの放水砲 2つに曲がる長いブームの先につけられた放水砲は、高い位置から水や泡を噴射する。

バケット バケットに人が乗って、放水砲を操作する。バケットにとりつけられたカメラを使って、遠隔操作することもできる。

油圧式ブーム 強力な油圧ピストンでブームを上下に動かす。

大きな港の消防艇は毎日、24時間、いつでも出動できるよう準備をととのえている。交代制で、いつもだれかが警戒をしている。だから、いざというとき、すぐに対応できるんだ。

消防艇が色つきの水を噴射して、豪華客船クイーン・メリー2をむかえる。

✱ 歓迎の放水

消防艇が出動するのは、緊急事態や災害がおきたときだけではない。初めて航海にでた豪華客船のような特別な船が港にはいってきたときも、消防艇の出番だ。進路にそってならんだ消防艇は、空高く水をふきあげて船を歓迎する。とくに有名な船の場合は、放水砲の中で水に染料をまぜ、その船の所有者や国にあった色にして噴射するんだ。

救命ボート

ハッチ 装備や物資は、ハッチとよばれる上げぶたのついた昇降口からデッキの下におろして収納する。

寝台

船体外板

プロペラ

主エンジン 船舶用ディーゼルエンジンでプロペラを回転させる。放水砲には別のエンジンが使われる。

新しい消防艇にはシュナイダープロペラという推進装置がついている。シュナイダープロペラは、回転盤の周囲にオールのような形の羽根を垂直につけたもので、水車をたおしたような形をしている。これを船の底に、羽根を下にしてとりつける。羽根はむきを変えることができ、むきが変わると、船の進む方向も変わる。

23

救命ボート

ほとんどの人にとって、救命ボートはじっさいに使うものではなく、あらしがきても海があれてもだいじょうぶという安心感をあたえてくれるものにすぎない。でも、万一の場合には、やはり救命ボートが人々の命を守るとりでとなる。救命ボートはがんじょうなつくりで、しずまない構造になっていなければならない。食べものや飲みものをそなえ、強い風や大きな波にたえながら、救助隊がくるまで人々を保護しなければならないからね。

へえ、そうなんだ！

3000年以上前、フェニキア人の船は木でできた小さな救命いかだをつんでいた。1912年に豪華客船タイタニック号が沈没したのをきっかけに、救命ボートについての国際的な取り決めができた。タイタニック号は、2000人以上の人が乗っていたのに、1200人分ほどの救命ボートしかつんでいなかったんだ。

この先どうなるの？

新しい救命ボートは非常用位置指示無線標識という、無線信号を送る小さな装置をそなえている。その信号を人工衛星がキャッチして、救助隊に発信場所を知らせるんだ。

クルーズ客船で、かならずおこなわれるのが避難訓練。乗客は全員、決められた救命ボートのところにいかなければならない。

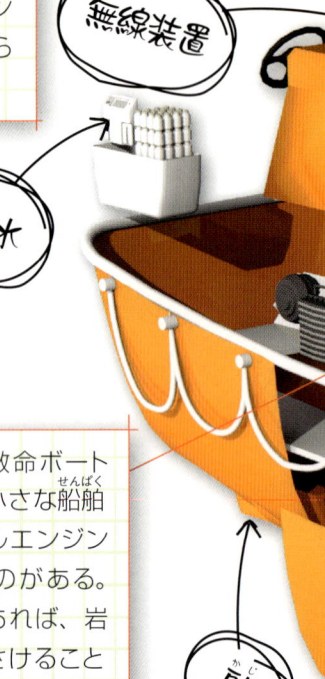

ブリッジ 救命ボートの責任者（ふつうは船の乗組員が責任者になる）は、ほかより高い位置にあるブリッジで、まわりのようすを確認し、エンジンの調子をたしかめながらボートを操縦する。

救命いかだは、はじめに丸い本体部分、次にテントの部分がふくらむ。

✴ 省スペースの救命用具

救命いかだは膨張式の救命ボート。利点はスペースをとらないことだ。水面への不時着にそなえて飛行機につんでおくことだってできる。いかだは、圧縮ガスボンベからガスが送られてふくらむ。このとき緊急無線標識のスイッチがはいり、位置を知らせる信号が送られる。救命いかだにはエンジンもプロペラもなく、オールだけというものが多い。でも、最近のいかだには小型エンジンつきのものもある。

エンジン 救命ボートの中には、小さな船舶用ディーゼルエンジンのついたものがある。エンジンがあれば、岩場や浅瀬をさけることができる。

バラストタンク 救命ボートが発進すると、船の底にあるバラストタンクが自動的に水でいっぱいになる。それによって重心が下がり、ボートが安定し、ひっくり返るのをふせぐことができるんだ。

>>> 緊急の乗り物 <<<

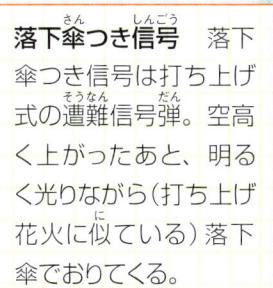

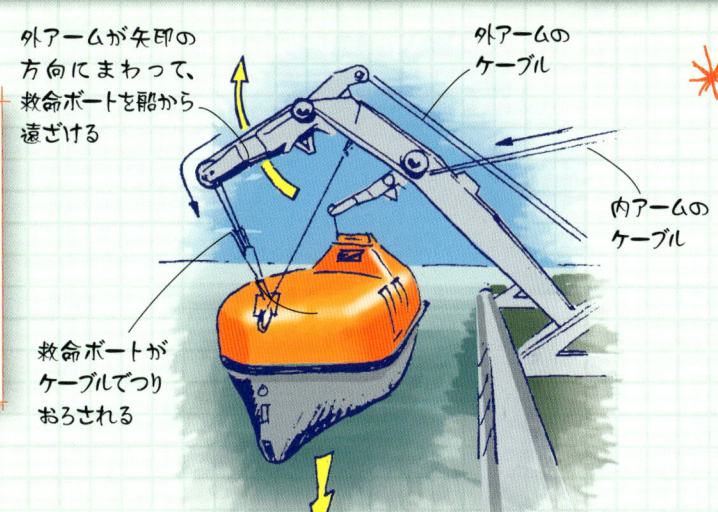

✻ ダビットの仕組み

ダビットは、船の外側に荷物をまっすぐおろすためのクレーンのような装置。場所をとらないよう、いつもは折りたたんだ状態でデッキの両サイドにならんでいる。ダビットにはアームが1本のものと、外アームと内アームでできたものがある。緊急事態がおきたら、ダビットのアームを船の外にだし、ケーブルで救命ボートをつって注意深く海におろす。作業には電動ウインチが使われる。

外アームが矢印の方向にまわって、救命ボートを船から遠ざける

外アームのケーブル

内アームのケーブル

救命ボートがケーブルでつりおろされる

落下傘つき信号 落下傘つき信号は打ち上げ式の遭難信号弾。空高く上がったあと、明るく光りながら（打ち上げ花火に似ている）落下傘でおりてくる。

おおい おおいで、雨、水しぶき、寒さ、風、強い日ざしなどをさえぎる。キャンバス地でできた折りたたみ式のものや、かたいプラスチックでできたものがある。

シートベルト

大型客船クイーン・メリー2は、100人以上乗れる救命ボートを37隻もつんでいるんだ。

潜水用具 潜水用具があれば、救命ボートの船体を調べたり、水から人を救いだしたりすることができる。

グラブハンドル

船体 救命ボートの船体は軽い合金や、ガラス繊維強化プラスチックのような複合材料でできている。

25

救助艇

海で船が助けをもとめているとき、強風や荒波など、すでにまわりのようすはとてもきびしいものになっているだろう。救助艇はこれにたえ、しかも、力のかぎりがんばって、使命をはたさなければならない。救助艇の特長のひとつは自動復原（下も見てみよう）。大波がきて船がひっくり返っても、またもとにもどるようにできているんだ。

へえ、そうなんだ！

海で救助活動をする世界一古い組織は、1824年にできたイギリスの国立難破船救命協会（1854年に王立救命艇協会に改称）。出動数は一日平均20回をこえている。

この先どうなるの？

海岸ぞいの沼地で水陸両用救助艇の実験が進められている。沼地では、船も全地形対応車も使えないからね。

救助艇の責任者を英語では「コクスン」っていう。必要なとき任務を引きつぐ、副コクスンもいるよ。

ブリッジとキャビン 波がとてもあらいとき、救助隊員はいすにすわってシートベルトをしめている。海にほうりだされた場合にそなえて、全員がサバイバルスーツを着て、救命胴衣をつけている。

ワイパー

バネのついたいす

隔壁 船首から船尾まで、船はたくさんのかべで仕切られ、それぞれの区画が水のもれないつくりになっている。ドアをしめると、ほかの区画から分離される。ひとつの区画が浸水しても、そこだけで食い止めることができるんだ。

バウスラスター 船の前方の両側につけられた小型のプロペラやウォータージェット。これを使って船首を左右に動かす。せまいところで船をうまくあやつりたいときや、速い潮の流れの中で船を安定させたいときに役立つ。

※ 自動復原の仕組み

1. バラストタンクにはいった水の重みで、重心が低くたもたれ、救助艇が安定する
2. 大波で救助艇がひっくり返ると、水がライティングタンクに流れていく
3. ライティングタンクにはいった水の重みで、救助艇がまわり続ける
4. 救助艇がほぼ一回転したころ、ライティングタンクの水がバラストタンクにもどっていく

ライティングタンク　バラストタンク

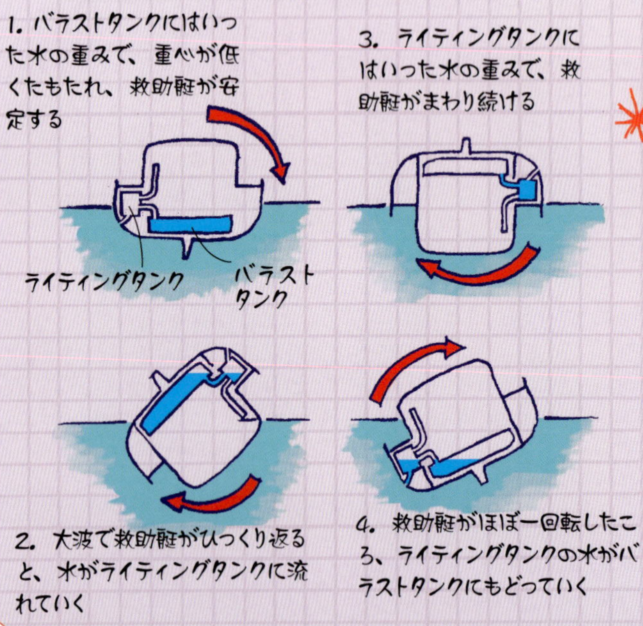

自動復原にはいろんな方式がある。そのひとつが、バラストタンクと、中心から外れたところにつけられたライティングタンクを使ったもの。船の底にあるバラストタンクの水の重みで、救助艇はいつもは安定した状態で水にういている。船がかたむいた場合には、この水がライティングタンクに流れこむ。船はバランスを失ってまわり続けるけれど、水がすべてバラストタンクにもどってくると、安定をとりもどすんだ。

王立救命艇協会がもっているセバーン級救助艇は長さが17メートル、重さが約40トンある。

>>> 緊急の乗り物 <<<

レーダー

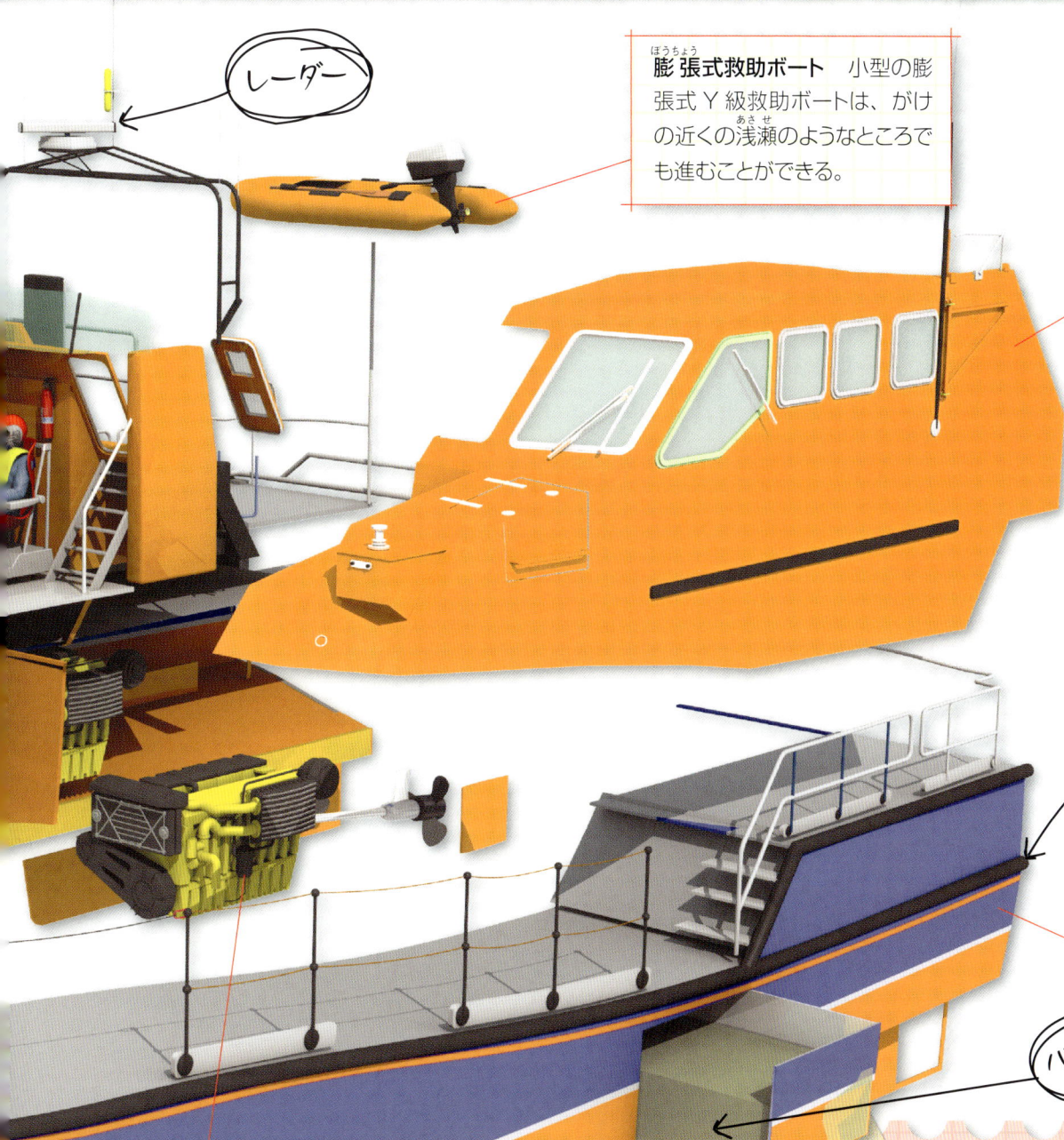

膨張式救助ボート 小型の膨張式Y級救助ボートは、がけの近くの浅瀬のようなところでも進むことができる。

上部構造 波や水しぶきがあたっても船内がぬれないよう、ドアや窓、ハッチはすべてパッキングで防水されている。

救助艇は大きさのわりに速い。トレント級救助艇は時速46キロメートル、もっと小さな複合型なら時速55キロメートル以上で走ることができる(P29も見てみよう)。

ラビングストリップ

船体 船体は最新のガラス繊維強化プラスチックでできていて、大波にもたえることができる。

バラストタンク

強力なエンジン 1基の出力が1000馬力をこえる船舶用ディーゼルエンジンでプロペラを回転させる。

※ 3、2、1、ザブーン！

救助艇の発進の仕方は、海岸線の状態によって決まることがある。海がすぐに深くなるようなところでは、救助艇はスリップウェイとよばれる傾斜台をすべりおりて海にはいっていく。遠浅の海岸では、救助艇をのせたトレーラーを、十分な深さのところまでトラクターが引っぱっていく。港や波止場では救助艇は岸壁につながれ、出動要請を待っている。

スリップウェイをすべりおり、救助艇が
※しぶきをあげながら出動していく。

27

沿岸警備艇

どんなにあれた天気でも、沿岸警備隊は出動する。役割は国によってさまざまだ。でも、危険な目にあっている船や人を助けにいき、救命ボートに力をかすのは、どこもほぼ同じ。なかには、沿岸警備隊が警察のような役目をはたし、密輸や密漁、海賊などのとりしまりをする国もあるよ。

へえ、そうなんだ！

沿岸警備隊は、警察、救急隊、消防隊につぐ、「第4の救援サービス」とよばれることがある。イギリスで沿岸警備隊ができたのは1800年ごろ。そのころどんどんふえていた密輸をふせぐためにつくられたんだ。

この先どうなるの？

沿岸警備隊の中には、小型潜水艦のような水中を進む追跡船の実験をしているところがある。法律に違反している船を追い、現場をビデオに録画して逮捕するんだ。

アメリカの沿岸警備隊はマリンプロテクター級の警備艇を70隻以上もっている。長さ27メートル、幅5.9メートルの船で、最高時速は46キロメートルだ。

重さ90トンのマリンプロテクター級警備艇は10人が5日間海にいられるだけの物資をつんでいる。燃料を補給せずに1000キロメートル以上航行できるんだ。

拡声器 風のうなる音や波のくだける音で海はうるさい場合が多い。でも、強力な拡声器を使えば、近くをいく船によびかけることができる。

警備艇が高波の中を進む。

銃座 警備艇をおびやかす敵があらわれたら、訓練をつんだ隊員が回転銃座にすえられた機関銃をうつこともある。

寝台

M2機関銃

船首

✴ 海から救いだせ！

ほとんどの国の沿岸警備隊が捜索救難活動をする。浅瀬にのり上げた、エンジンがこわれた、だれかが海に落ちた。船からそんな緊急連絡をうけて、警備隊は出動する。救助艇と協力し、警備隊がもっている飛行機やヘリコプターを使ったり、地元の空軍に支援をもとめたりすることもある。沿岸警備隊の仕事を捜索救難と巡視だけにしている国がある。そんな国では、テロリストみたいな一団がこっそり上陸しようとしているというようなあやしい動きに気づいたら、警備隊はすぐに軍、たいてい海軍に連絡をするよ。

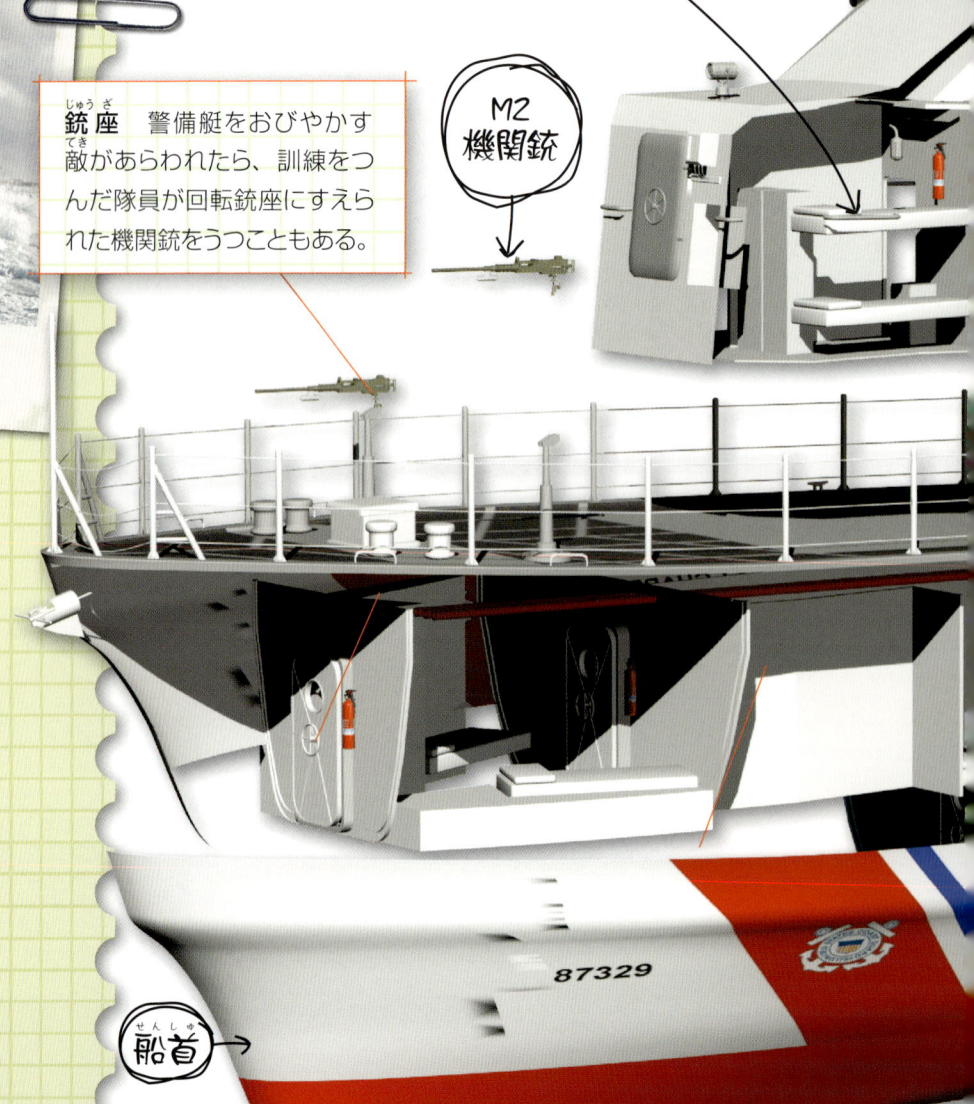

>>> 緊急の乗り物 <<<

✳ スリップウェイの仕組み

外海を巡視する大型警備艇が、小さくて速い船を追跡しなければならない場合がある。小型船が岸にむかってにげだしたら、複合艇の出番だ。1960年代に登場した複合艇は船体の一部が膨張式で、船底にはかたい材料が使われている。前の部分がU型かV型のものが多く、強力な船外機をつけている。水面に近いところでういているので、浅瀬にもかんたんにはいっていくことができる。沿岸用の救助艇はたいてい複合艇で、速くて、操縦しやすいんだ。

安全柵　船尾のドアが上に開く　船尾にもうけられたスリップウェイ

外海を巡視する警備艇　複合艇は後部ハッチから発進。回収もここでおこなわれる　船尾

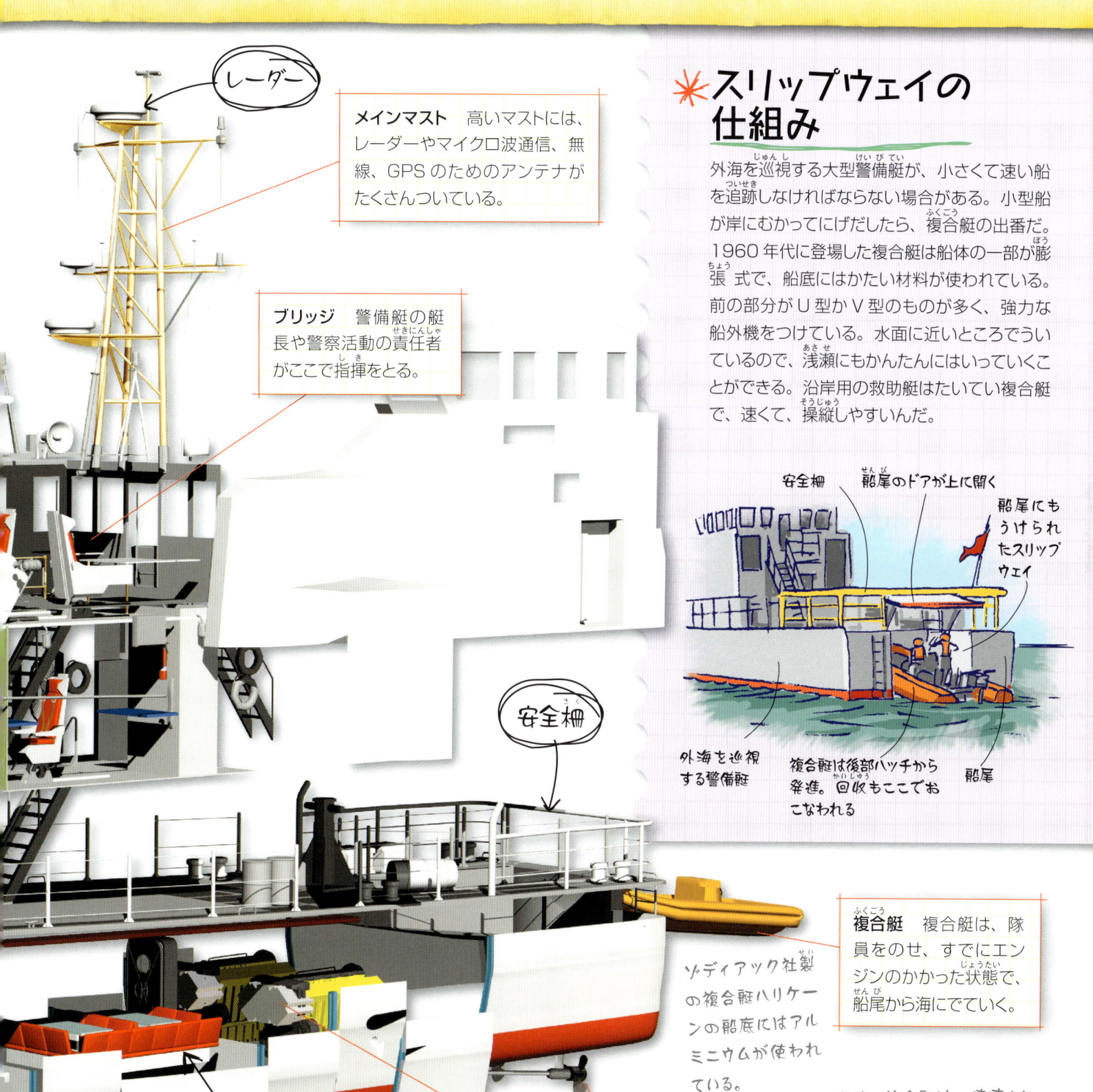

レーダー

メインマスト　高いマストには、レーダーやマイクロ波通信、無線、GPSのためのアンテナがたくさんついている。

ブリッジ　警備艇の艇長や警察活動の責任者がここで指揮をとる。

安全柵

ゾディアック社製の複合艇ハリケーンの船底にはアルミニウムが使われている。

複合艇　複合艇は、隊員をのせ、すでにエンジンのかかった状態で、船尾から海にでていく。

食堂

エンジンとプロペラ　マリンプロテクター級の警備艇は、1340馬力のV型8気筒ターボディーゼルエンジンを2基そなえている。これで5枚羽根のプロペラがついたシャフトを回転させる。

高速の複合艇は、時速55キロメートルをだすことができる。仕事を終えて帰ってきた複合艇は、ウインチを使って警備艇に引き上げられる。この作業は、警備艇を止めなくてもできるんだよ。

29

深海救難艇

救助活動はとても危険だ。深い海での救助となると、さらに危険になる。大きな問題は水圧がとても高いこと。強い圧力にたえるつくりになっていないものは、すべてこわれる。人の肺だってつぶれてしまうよ。それに水中の救助現場は、多くの場合、とても寒くて暗い。おまけに酸素がだんだん残り少なくなっていくから、時間との戦いにもなるんだ。

へえ、そうなんだ！

深海救難艇の前身といえそうなのが、ダイビングベル。ダイビングベルはつり鐘のような形の装置で、水中につり下げて、中に空気をとじこめる。水の中で作業をする人は、この中にはいって空気をすう。2000年以上前から使われ、16世紀に大きく改良されたんだよ。

この先どうなるの？

水面のあたりで危険にさらされる人には、サバイバルスーツがちゃんとある。水深100メートルの圧力にたえるサバイバルスーツをつくることができないか、実験が進んでいる。

深海救難艇LR5は深さ400メートルまでもぐって作業ができる。

潜水艇トリエステは1960年に1万911メートルの深海までもぐった。これが有人潜水の最深記録だ。

安全ケージ 前方の窓のまわりには金属製の囲いがついている。岩などから窓を守るためにね。

ドーム型の窓 ドームの形は加えられた力を均等に分散させるので、圧力にうまくたえることができる。潜水艇の船体にはこのような曲面が可能なかぎりとりいれられている。

深海救難艇を運ぶ準備が進められている。

✱ さあ、出動だ！

深海救難艇は特殊な船で、ゆっくり注意深く操縦するようにつくられている。現場まで自力で移動できないので、出動が決まると、大急ぎで運ぶ準備が進められる。輸送に使われるのは低荷台トラックや床の平らな貨車。貨物航空機の場合だってある。そして、最後は「母艦」が現場の真上まで運んでいく。母艦は、救出された人たちを必要におうじて手あてできるよう準備をととのえて、そこで待機するんだ。

ロボットアーム アームを遠隔操作して、ケーブルや岩、海そうを、つかむ、動かす、切るなどの作業をさせる。

乗組員 乗組員はふつう、操縦士、副操縦士、システム担当員の3人。救助された人を収容する救助室には「すしづめ」で16人はいれる。

LR5は長さ9.2メートル、幅3メートルで、船体の高さが2.75メートルある。

救助用ハッチ

LR5は1時間に4キロメートルしか進めない。でも、正確に位置を調整することができるんだ。

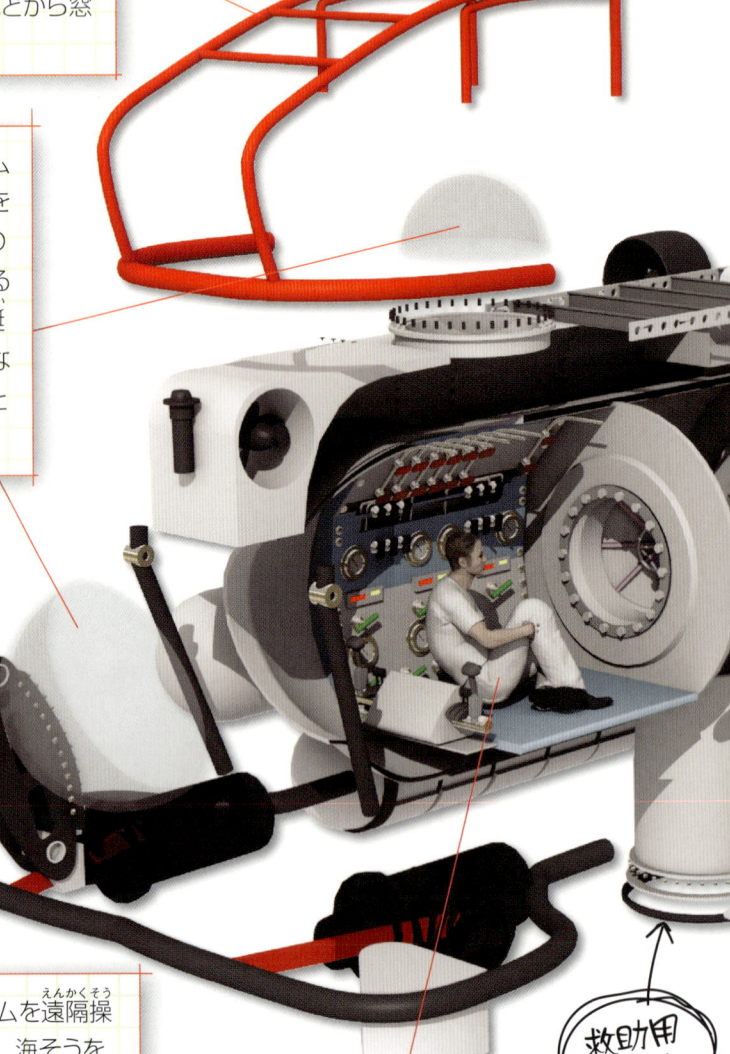

>>> 緊急の乗り物 <<<

LR5は1回の充電で8回まで出動できる。

深海救難艇 LR5

横からみたところ
- 船体
- ドーム型の窓
- スラスター

2000年にロシアの原子力潜水艦クルスクが沈没して、118人の乗組員全員が亡くなった。

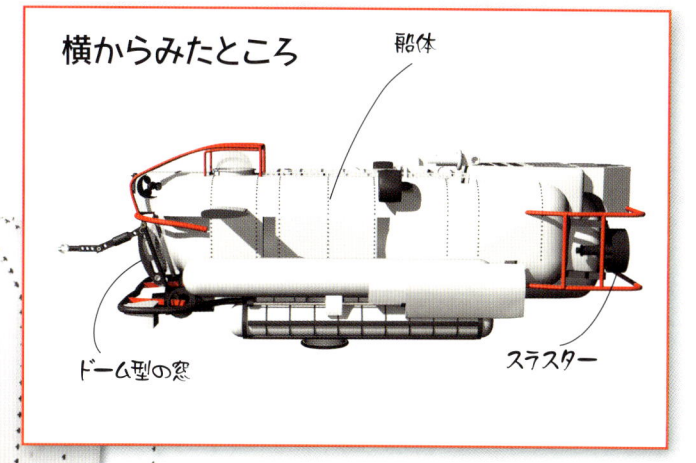

リアスラスター 船体の後ろにつけられた3枚羽根のスラスタープロペラ。救難艇はこれを使っていろいろなむきに進む。2基のプロペラは電気モーターで動き、左右別々にコントロールされる。逆回転させると、急ブレーキをかけることや、後ろに進むことができる。

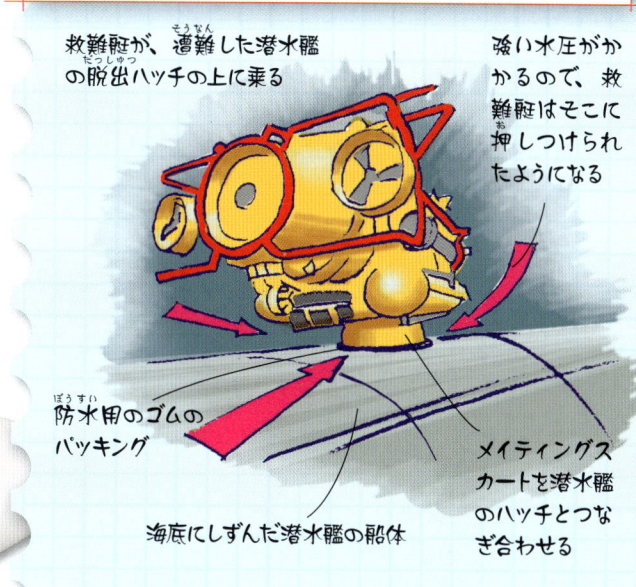

- 水平舵
- 船尾ハッチ
- バラストタンク

2006年、深海救難艇レモラは演習中に海底で動けなくなった。

- 救難艇が、遭難した潜水艦の脱出ハッチの上に乗る
- 強い水圧がかかるので、救難艇はそこに押しつけられたようになる
- 防水用のゴムのパッキング
- 海底にしずんだ潜水艦の船体
- メイティングスカートを潜水艦のハッチとつなぎ合わせる

✻ メイティングスカートの仕組み

メイティングスカートは周囲にゴムのついた環状の装置で、潜水艦のハッチとつなぎ合わせる。スカートの中の水を排出すると、周囲の水の圧力で、スカートが潜水艦の船体にぴったりとつく。そうして救難艇と潜水艦のハッチをあけると、人がいき来できるようになる。宇宙船で使われるようなエアロックを間にはさんで救難艇と潜水艦をつなぐ方法もあるよ。

31

救急ヘリコプター

救急ヘリコプターは、救命に必要な機器をつみ、医者や訓練をうけた医療スタッフをのせて飛ぶ。道が通れなくても、大水がでても、橋がこわれていても、ヘリコプターならだいじょうぶ。必要なのは小さなスペースだけ。道や農場に少しあいた所があれば着陸できる。重体の患者を病院から専門的な医療センターに大急ぎでうつしたい、臓器移植用の腎臓や心臓をすぐにとどけなければならない。そんなときも救急ヘリコプターの出番だ。

へえ、そうなんだ！

飛行機を使った医療サービス「フライング・ドクター」は、1920年代にオーストラリアで始まった。これを考えだしたのは牧師のジョン・フリン（1880〜1951年）。病人を飛行機で運び、近くの病院まで数百キロメートルもあるような場合でも、きちんと対応できるようになったんだ。

この先どうなるの？

ヘリコプターは垂直に離着陸できるけど、スピードがあまりでない。将来は、つばさとエンジンを90度かたむけることのできる、ティルトウイングの飛行機が使われるようになるかもしれないよ。

＊ ヘリコプターの仕組み

ヘリコプターはふつうの飛行機と操縦法がちがう。ヘリコプターの操縦士は3つの装置を操作する。ラダーペダルは、機首を右方向、左方向にむけるのに使われる。自動車のハンドブレーキのようなコレクティブレバーは高度を調整。レバーの先にはエンジンの回転数を変えるスロットルがついている。サイクリックレバーは飛行機の操縦かんと同じような位置にある。これを操作して進行方向（前後、左右）を定めるんだ。

- ラダーペダル（アンチトルクペダル）で機首のむきを変える
- サイクリックレバーで進行方向を定める
- コレクティブレバーで高度を調整する
- コレクティブレバーの先にスロットルがついている
- ラダーペダル
- サイクリックレバー
- コレクティブレバー

乗組員 高度な訓練をうけたパイロットが操縦。救急専門の医師や看護士がいっしょに乗る。

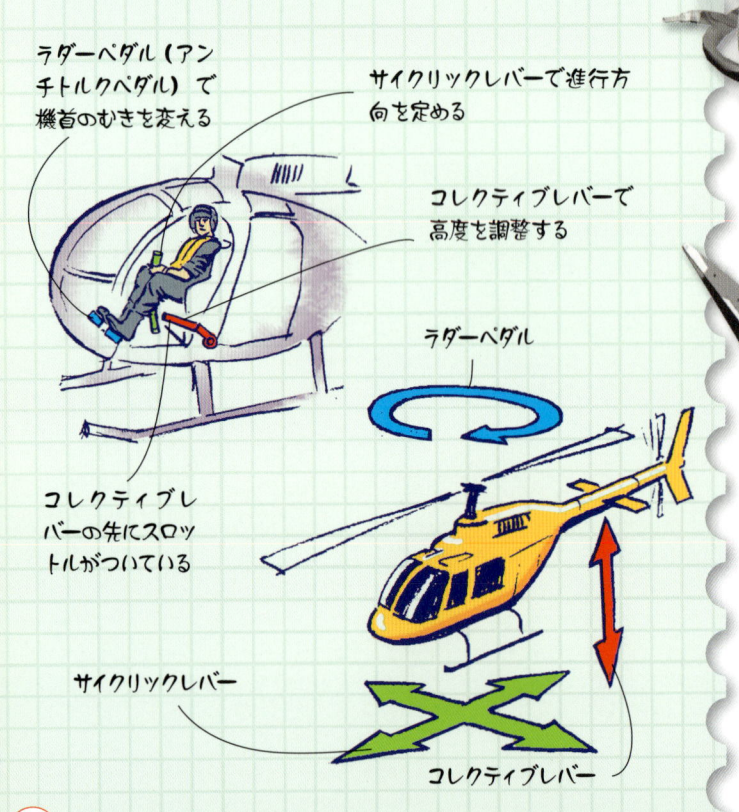

救急用品 救急ヘリコプターには薬や酸素マスク、副木、包帯、除細動器などの救急用品がつんである。除細動器は、心臓が止まったときや細動（心臓が不規則に動くこと）しているとき、正常な動きにもどすのに使われる。

ストレッチャー 患者はストレッチャーに寝かされ、ヘリコプターがゆれてもだいじょうぶなよう、ベルトで固定される。そうして医療スタッフが空中で手あてをする。

>>> 緊急の乗り物 <<<

テールブーム テールブームの中のシャフトを回転させてテールローター（スタビライザー）を動かす。

テールローターブレード メインローター（回転翼）が回転すると、ヘリコプターの機体がそれと反対の方向に回転しようとする。それをおさえるのがこのテールローターだ。

ブレード

ステップ

スライド式の窓

イギリス、ロンドンの中心部で交通事故が発生。けが人が救急ヘリコプターで運ばれていく。

✱ とってもべんりな垂直離着陸

救急ヘリコプターの大きな利点は、垂直離着陸できること。テニスコートほどのスペースがあれば着陸できる。でも、じゃまなものがあってはいけない。交通事故がおきると、警察はドライバーに指示をしてあたりの車を移動させ、ヘリコプターのために場所をあける。大きな病院のなかにはヘリポートがあり、いつでもヘリコプターが離着陸できるようになっているんだ。

ドア ストレッチャーや大きな医療器具を入れられるよう、大きなドアがついている。医療器具の中にポータブルX線撮影装置があれば、骨折していないかなどがわかる。医療スタッフは患者の状態を調べ、受入先の病院に無線で知らせておくんだ。

ランディングスキッド この装置があればどんなところでも着陸できる。地面がやわらかくても、車輪ほどめりこまない。うねのある畑のようなでこぼこの土地だって平気だ。

救急ヘリコプターが出動の必要がないときには、送電線やパイプラインの点検などの仕事をしている国もあるよ。

空中での手あては、地上と同じようにはいかない。ヘリコプターがゆれると、注射の針をさすような、こまかい処置がむずかしくなる。患者の心臓や呼吸の音も、ヘリコプターの音にかき消されて聞こえないんだ。

33

捜索救難ヘリコプター

捜索救難活動のおかげで、毎日、世界中で何千人もの人が命を救われている。この活動で活やくするのが「チョッパー」、つまりヘリコプター。空軍のヘリコプターを救難用に改造したものがよく使われる。山やがけ、深い谷、流砂、海で動きがとれなくなり、けがをしているような人も、「パタパタ」というローターの音が聞こえたら、ひと安心。助けがやってきたんだ。でも、あれた天気のときには、とびきり優秀な操縦士が必要だよ。

へえ、そうなんだ！

ヘリコプターでつり上げるという方法が、最初に救難の場で使われたのは1945年のこと。アメリカ、コネティカット州、フェアフィールドの近くで、シコルスキーR-5が、遭難したオイル船から2人を引き上げた。ひどいあらしのためにヘリコプターを使う以外、方法がなかったんだ。

この先どうなるの？

ヘリコプターの性能はどんどんよくなっている。新しい電子機器やコンピュータープログラムの改良で操縦しやすくなり、とくに強風への対応が進んだよ。

✱ 動くな。じっとして！

波が高く、風が強いときには、とても高度な操縦技術が必要になる。厄介なものの一つが下降気流。ヘリコプターのローターが回転すると下むきの空気の流れができて、水面に水しぶきや波、風が生じる。これによって船が水びたしになったり、横に流されたりするんだ。こぎ舟のような小さな船だと、ひっくり返ることもある。この被害をおさえるために、操縦士はヘリコプターをできるだけ高い位置で静止させなければならない。でも、そうすると、長い引き上げ用のケーブルが必要になり、それが下降気流と風でゆれて、今度は目標地点にうまくおろすのがむずかしくなるんだ。

ドライブシャフト

レドーム

ウインチ 鋼鉄製の長いケーブルの先にフックなどの救助用具をつけて強力な電動ウインチでつりおろし、引き上げる。操作係は操縦士といっしょに訓練をするんだ。

救助隊員 ウインチでおろされる救助隊員は、手信号と無線を使ってウインチの操作係や操縦士と連絡をとる。ちょうどよい位置におりて、つり上げの準備ができると、ウインチがまきあげられる。

シーキングの捜索救難型ヘリコプターは、最高時速が267キロメートル。給油をせずに約1000キロメートル飛べる。

救助艇からけが人を引き上げたヘリコプターは、病院へ急行する。

34

>>> 緊急の乗り物 <<<

イギリスの新しい捜索救難ヘリコプターS-92は、わずか2年の間に500回以上出動した。

ローターヘッド（ハブ） この複雑な装置によって、回転中のそれぞれのブレードのかたむきが進行方向におうじて変えられる。

ターボシャフトエンジン 2基のエンジンでメインローターを回転させる。エンジンがひとつこわれても、ヘリコプターはもうひとつのエンジンで飛ぶことができる。でも能力は落ちてしまう。

ユーロコプター社製の捜索救難ヘリコプター、スーパーピューマは、1980年代に使われるようになってから、1万人をこえる人たちを救っている。

カウリング

メインローターブレード ブレードの素材は柔軟で「抗張力（こうちょうりょく）」の高い複合材料。ブレードにかかる強い力にたえるんだ。

操縦士
副操縦士

水にも対応できる機体 機体の下のほうは船と同じような形で、防水構造になっている。救難ヘリコプターに緊急事態が発生しても、湖や海に「不時着」して、しばらくはういていられる。

とてもよく活やくしている捜索救難ヘリコプターのひとつが、シコルスキー社製のS-61。シーキングってよばれている。長さが17メートルで、ローターの直径が18.9メートル。装備をつむと重さは9.5トンになる。S-61の初飛行は1961年だった。

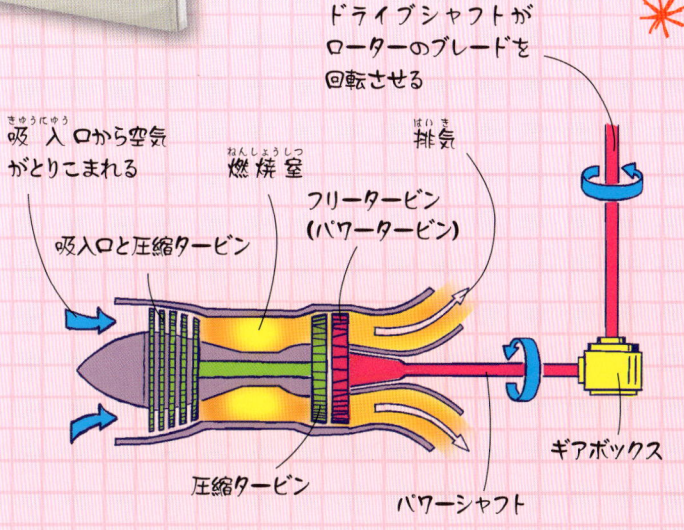

ドライブシャフトがローターのブレードを回転させる

吸入口から空気がとりこまれる
燃焼室
排気
吸入口と圧縮タービン
フリータービン（パワータービン）
圧縮タービン
パワーシャフト
ギアボックス

✳︎ ターボシャフトエンジンの仕組み

ターボシャフトエンジンはほかのジェットエンジンと似たような仕組みになっている。高速回転するタービンにつけられた扇形の羽根が空気をとりこんで、圧縮する。その空気が燃焼室で霧状の燃料とまざってはげしく燃え、高温高圧ガスがふきだす。ふつうのエンジンだと、この噴出力がものを前に進める力として利用される。でも、ターボシャフトエンジンの場合は、噴出の力で別のタービンを回転させる。それによってタービンについているシャフトがまわり、その力がギアボックスを通ってローターに伝わり、ブレードがまわるんだ。

35

用語解説

衛星
ある天体のまわりを一定の周期でまわっている別の天体。たとえば月は地球の天然衛星。衛星という言葉は、人工的な衛星、とくに地球のまわりを回っている人工衛星という意味で使われることが多い。

衛星航法
GPS衛星から送られてくる信号を利用して、今いる位置や進行方向を知る方法。

液圧式
油や水などの液体に高い圧力をかけて装置を作動させる方式。

隔壁
船体や飛行機の機体などの構造物の幅全体にもうけられた、垂直のかべ、または仕切り。かべの前後のスペースを完全に隔てるためのかべ。

舵（ラダー）
飛行機や船を操縦するための装置。飛行機なら垂直尾翼に、船なら船尾の下のほうにつけられることが多い。これを操作して左右の進行方向を定める。

ガソリンエンジン
内燃機関（シリンダーの中で燃料を燃やすエンジン）のひとつ。燃料であるガソリンを点火プラグで爆発させる。

ギア
歯車、また、歯車を組み合わせた装置。2つの歯車の歯をかみ合わせ、一方の歯車を回転させると、もう一方も回転する。2つの歯車を輪になったチェーンや、歯に合うよう穴をあけたベルトでつないだ場合には、スプロケットとよばれる。ギアは、たとえばエンジンと車輪の間で、回転の速度や力を変えるのに使われる。また、回転の方向を変えるときも用いられる。

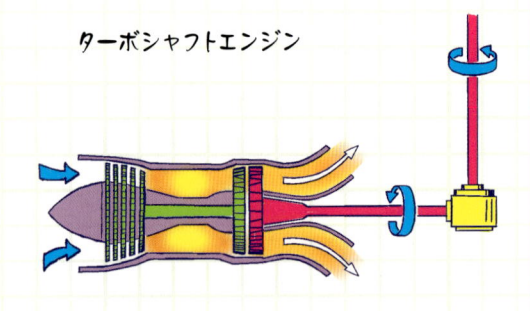

空気式
空気や酸素のような気体に高い圧力をかけて装置を作動させる方式。

合金
2つ以上の金属、または金属とほかの物質をまぜ合わせたもの。強くする、もっと軽くする、高い温度にたえられるようにするなど、特別の目的のために使われる。

サスペンション
乗りものがでこぼこの道を走って車輪が上下に動いても、それが乗っている人に伝わらないようにする装置。乗り心地をよくする、ほかの似たようなシステムもサスペンションという。

GPS
全地球測位システムの英語の略語で、地球のまわりの宇宙を飛んでいる20以上の衛星を使ったネットワークのこと。衛星はその位置と時刻をしめす電波信号を送り、人々はGPS受信機すなわち「衛星ナビ」を使い、今どこにいるのかを知ることができる。

シャーシ
自動車の基本構造。自動車の「骨格」で、これが車体をささえる。座席やエンジンなどの装置はシャーシにとりつけられる。

シリンダー
エンジンや機械などの一部分。円筒状で、中でぴったりとおさまったピストンが往復運動をする。

スラスター
小さなプロペラや流体を噴出させるノズルなどの、押す力を生みだす装置。船のような乗りものの位置や進行方向を少し調節するのに使われる。

スロットル
エンジンに流れる燃料と空気の量をふやし、スピードを上げるための装置。アクセルともよばれる。

赤外線
光や波の性質をもつエネルギーの一種。ふつうの光より波長が長く、ものをあたためる効果がある。

船首
船体の前方の部分。先がとがっている側。

船体（ハル）
船の本体。陸の乗りものの中にも、戦車のように、車体をハルとよぶものがある。

船尾
船体の後方の部分。先がとがっていない側。

タービン
回転軸に、扇風機の羽根のように角度のついた一連のブレードがついた機械。ポンプ、車、ジェットエンジンなど、工学技術のさまざまな分野で使用されている。

ターボシャフト
中にタービンのあるエンジン。ガスのジェット噴射を推進力として使うのではなく、噴射の力で軸を回転させて動力をほかに伝える。

ターボシャフトエンジン

スリップウェイ

>>> 緊急の乗り物 <<<

ディーゼルエンジン
内燃機関（シリンダーの中で燃料を燃やすエンジン）のひとつ。点火プラグを使わず圧力だけでディーゼル燃料を爆発させる。

ディスクブレーキ
ブレーキ装置のひとつ。車輪といっしょに回転する円板を両面から2つのパッドやピストンではさみこんで、回転速度を落とす。

ドライブシャフト
エンジンやモーターの動力をほかの部分に伝える回転軸。船のスクリューなどを回転させるのに使われる。

トランスミッション
エンジン（クランクシャフト）で生みだされた回転力を車輪の軸に伝えるための装置。ギア、ギアボックス、プロペラシャフトなどから成る。

燃焼室
ロケットエンジンなどにある、燃料を燃やして高圧ガスを得るためのところ。

バラスト
風が強いときや速いスピードで曲がるとき、船や乗りものがひっくり返らないよう、安定性を高めるためにつむ重いもの。水やコンクリート、金属が使われる。ボートや船の多くは底のほうにバラストタンクがあり、つみ荷が少ないときは、タンクに水を入れる。そうして船がちょうどよい高さでうくようにすると、進むときも曲がるときも安定している。

高圧ポンプ

自己復原

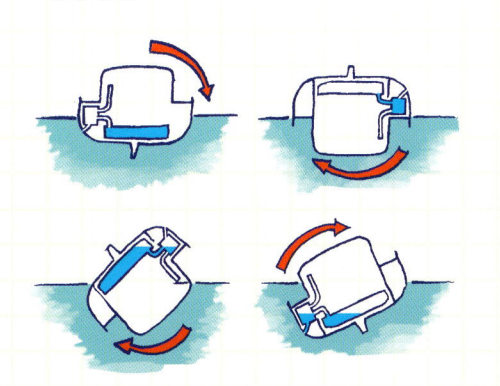

ピストン
太い、棒状の部品で、缶に似た形をしている。シリンダーとよばれる容器にぴったりとはめこまれ、その中で動いたり、上下運動したりする。

ブーム
クレーンやそれと同様の機械の、長くて細いアームのような部分。通常、上下、左右に動かすことができて、中には伸縮できるものもある。

ブリッジ
大型船の指令室。舵をあやつる舵輪、エンジンの出力をコントロールするスロットル、計器など、大切な機器がある。

ブレード
飛行機のプロペラ（エアスクリュー）やヘリコプターのローターの細長い羽根のような部分。プロペラの中にはブレードが6枚以上のものがある。

プロペラ
ななめに羽根をとりつけた回転する装置で、扇風機に似ている。回転して前面から水や空気のような流体をとりこみ、いきおいよく後方に押しだす。船の場合はウォータースクリュー、飛行機の場合はエアスクリューともよばれる。

ベアリング
まさつや摩耗をへらすのに効果的な動きのために設計された部品。たとえば回転軸とそのフレームの間などに使われる。

マスト
船に垂直、またはほぼ垂直に立てられた柱。帆をはったり、旗、レーダー、無線装置などをとりつけたりするのに使われる。

無線信号
目に見えない電磁波を利用して送られるシグナル。波長が長く、数ミリメートルから数キロメートルの電磁波が使われる（光も電磁波だけど、波長がずっと短い）。

ラジエーター
自動車のような乗りものにつけられた、エンジンなどからでる熱を冷ますための装置。表面積が大きくなるよう、フィンとよばれるひれ状の突起がたくさんついている。エンジンから流れてきた熱い水は、ラジエーターの中を通っている間に冷却され、またエンジンへと流れていく。

レーダー
電波を送って飛行機や船などにあて、反射してもどってくる電波をとらえて、その位置を測定する装置。

パンクチュアノズル

37

● 著者
スティーブ・パーカー
科学や自然史の書籍を数多く執筆・監修しており、その数は 200 冊をこえる。動物学理学士の学位取得。ロンドン動物学会のシニア科学会員。

● イラストレーター
アレックス・パン
350 冊以上の書籍でイラストを描いている。高度なテクニカル・アートを専門とし、各種の 3D ソフトを使って細部まで描き込み、写真のように精密なイラストを作りあげている。

● 訳者
小巻靖子
（翻訳協力：トランネット）

最先端ビジュアル百科　「モノ」の仕組み図鑑 ❽

緊急の乗り物

2011 年 2 月 25 日　初版 1 刷発行

著者／スティーブ・パーカー　　訳者／小巻靖子

発行者　荒井秀夫
発行所　株式会社ゆまに書房
　　　　東京都千代田区内神田 2-7-6
　　　　郵便番号　101-0047
　　　　電話　03-5296-0491（代表）

印刷・製本　株式会社シナノ
デザイン　高嶋良枝
©Miles Kelly Publishing Ltd　Printed in Japan
ISBN978-4-8433-3524-6 C8650

落丁・乱丁本はお取替えします。
定価はカバーに表示してあります。